中央民族大学
青年教师学术著作出版
编审委员会

主 任：鄂义太　陈　理
委 员：（按姓氏笔画排序）
　　　　云　峰　文日焕　白　薇　冯金朝　刘永佶
　　　　李东光　李曦辉　杨圣敏　邹吉忠　宋　敏
　　　　郭卫平　游　斌

◎ 邹 斌 / 著

分子器件非弹性电子隧穿谱的理论研究

Theoretical Studies on
Inelastic Electron Tunneling Spectroscopy
of Molecular Electronic Devices

中央民族大学出版社
China Minzu University Press

图书在版编目（CIP）数据

分子器件非弹性电子隧穿谱的理论研究/邹斌著．—北京：中央民族大学出版社，2013.7

ISBN 978–7–5660–0344–7

Ⅰ．①分… Ⅱ．①邹… Ⅲ．①超分子结构—电子器件—理论研究 Ⅳ．①TN103

中国版本图书馆 CIP 数据核字（2013）第 089365 号

分子器件非弹性电子隧穿谱的理论研究

作　　者	邹　斌
责任编辑	李苏幸
封面设计	布拉格
出 版 者	中央民族大学出版社
	北京市海淀区中关村南大街27号　邮编：100081
	电话：68472815（发行部）　传真：68932751（发行部）
	68932218（总编室）　　　68932447（办公室）
发 行 者	全国各地新华书店
印 刷 厂	北京宏伟双华印刷有限公司
开　　本	880×1230（毫米）　1/32　印张：6
字　　数	180千字
版　　次	2013年7月第1版　2013年7月第1次印刷
书　　号	ISBN 978–7–5660–0344–7
定　　价	22.00元

版权所有　翻印必究

总　序

中央民族大学是我们党为解决民族问题、培养少数民族干部和高级专门人才而创办的高等学府。建校六十多年来，中央民族大学认真贯彻党的教育方针和民族政策，坚持社会主义办学方向，坚持为少数民族和民族地区发展服务的办学宗旨，培养了成千上万的优秀人才，取得了许多具有开创性意义的科研成果，创建和发展了一批民族类的重点学科，走出了一条民族高等教育又好又快发展的成功之路。

今天，荟萃了56个民族英才的中央民族大学，学科门类齐全、民族学科特色突出，跻身于国家"211工程"和"985工程"重点建设大学的行列。中央民族大学已经成为我国民族工作的人才摇篮，民族问题研究的学术重镇，民族理论政策的创新基地，民族文化保护和传承的重要阵地。

教师是学校的核心和灵魂。办好中央民族大学，关键是要有一支高素质的教师队伍。为建设一支能够为实现几代民大人孜孜以求的建成国际知名的、高水平的研究型大学提供坚实支撑的教师队伍，2012年4月，学校做出决定，从"985工程"队伍建设专项经费中拨出专款，设立"中央民族大学青年学者文库"基金，持续、择优支持新近来校工作的博士、博士后出站人员以及新近取得博士学位或博士后出站资格的在职教职工出版高水平的博士学位论文和博士后出站报告。希望通过实施这一学术成果出版支持计划，不断打造学术精品，促进学术探究，助推中央民族大学年轻教师成长，形成长江后浪推前浪、一代更比一代强的教师队伍蓬勃壮大的良好局面。

青年教师正值学术的少年期。诚如梁启超先生脍炙人口的名言所祈愿：少年智则国智，少年富则国富，少年强则国强，少年独立则国独立，少年自由则国自由，少年进步则国进步，少年胜于欧洲，则国胜于欧洲，少年雄于地球，则国雄于地球。希望在各方面的共同努力下，在广大青年教师的积极参与下，《中央民族大学青年学者文库》能够展示出我校年青教师的学术实力，坚定青年教师的学术自信，激发青年教师的学术热忱，激励广大青年教师向更高远的学术目标攀登。唯有青年教师自强不息，中央民族大学的事业才能蒸蒸日上！

中央民族大学青年教师学术著作出版
编审委员会
2013 年 6 月 19 日

前　言

目前单分子器件和分子膜的输运性质已成为纳电子学的研究热点,但在该研究领域始终存在如下两个问题:一是隧穿电子是否确实通过有机分子这座"桥梁"从电极一端散射到另一端,二是有机分子在电子隧穿过程中处于怎样的状态。对这两个问题的深入研究促使了分子器件非弹性电子隧穿谱（Inelastic Electron Tunneling Spectroscopy）的产生和迅速发展,进行相关理论和实验研究也成为纳电子学发展的重要方向。

本书的主要工作是从理论上计算分子器件非弹性电子隧穿谱。主要在量子化学计算的基础上,充分考虑了非弹射散射过程,发展了一整套基于第一性原理的计算分子器件非弹性电子隧穿谱的理论方法。对由金属—分子—金属构成的扩展分子体系进行计算,分析了外加电场对分子器件几何结构和电子结构的影响,考虑了有外加电场情况下分子器件的电输运特性以及分子体系内电子重新分布和空间电势变化情况。讨论电极距离、分子与金属间不同的接触构型以及分子的氟化程度等诸多因素对分子器件非弹性电子隧穿谱的影响,并与他人的理论和实验结果进行了比较。

本书的主要内容和相关的后续工作,是在山东师范大学物理与电子科学学院王传奎教授的悉心指导下完成的,在此特别向敬爱的王传奎老师表示衷心的感谢。本书相关的研究内容基于瑞典皇家工学院罗毅教授研究组发展的理论方法,研究工作也得到了罗毅教授的指导和热情鼓励,在此谨向罗毅教授表示衷心的感谢!

本书的相关工作得到国家自然科学基金(10274044,10674084,10804064,10947131)、教育部"211"工程三期建设项目、中央高校基本科研业务费专项暨中央民族大学2009—2010年度自主科研计划项目(0910KYZY47)、山东师范大学博士论文创新资助项目和山东省优秀博士学位论文项目的资助,在此一并表示感谢。

由于作者的知识在深度和广度上都很有限,本书错误之处在所难免,恳切希望广大读者提出宝贵的意见和建议。

目 录

第一章 分子器件非弹性电子隧穿谱简介 ……………………（1）
  1.1 非弹性电子隧穿谱介绍 ……………………………（2）
    1.1.1 非弹性电子隧穿谱的测量原理 ………………（3）
    1.1.2 非弹性电子隧穿谱的特点 ……………………（5）
  1.2 分子器件非弹性电子隧穿谱的产生与发展 ………（7）
  1.3 目前存在的问题和本书的主要工作 ……………（16）
    1.3.1 目前存在的问题 ………………………………（16）
    1.3.2 解决方案和本书的工作 ………………………（17）

第二章 密度泛函理论 ……………………………………（28）
  2.1 Hohenberg – Kohn 定理 …………………………（30）
  2.2 Kohn – Sham 方程 ………………………………（33）
  2.3 交换关联泛函 ……………………………………（35）
    2.3.1 局域密度近似泛函(LDA) ……………………（36）
    2.3.2 广义梯度近似泛函(GGA) ……………………（38）
    2.3.3 杂化密度泛函 …………………………………（40）
  2.4 计算中基函数的选择 ……………………………（42）

第三章 分子运动方式及分子振动模式 …………………（48）
  3.1 分子运动的分类 …………………………………（49）
  3.2 简谐近似 …………………………………………（50）
  3.3 简正振动模式的数目 ……………………………（51）

3.4　Gaussian 程序中的振动分析 ················ (53)
3.5　典型分子振动模式 ························ (55)
　　3.5.1　亚甲基基团振动模式 ················ (55)
　　3.5.2　苯分子振动模式 ···················· (58)

第四章　分子器件弹性和非弹性电子输运理论方法 ········ (64)
4.1　自由电子气的态密度 ······················ (65)
4.2　分子器件电流公式 ························ (69)
4.3　弹性散射过程中的输运函数 ················ (72)
4.4　非弹性电子隧穿谱理论方法 ················ (79)

第五章　4,4′-联苯二硫酚分子器件电输运性质理论计算 ··· (85)
5.1　外加电场对分子器件几何结构的影响 ········ (87)
5.2　外加电场对分子器件电子结构的影响 ········ (90)
5.3　外加电场对分子器件伏安特性的影响 ········ (92)
5.4　外加电场对分子器件电荷和电势分布的影响 ·· (94)
5.5　电极距离对分子器件几何结构的影响 ········ (97)
5.6　电极距离对体系电子结构的影响 ············ (101)
5.7　电极距离对体系伏安特性的影响 ············ (104)
5.8　分子内的扭转角对体系伏安特性的影响 ······ (105)
5.9　本章小结 ································ (108)

第六章　4,4′-联苯二硫酚分子器件的非弹性电子隧穿谱 ··· (119)
6.1　电极距离的影响 ·························· (121)
6.2　电极构型的影响 ·························· (129)
6.3　本章小结 ································ (135)

第七章　十六烷硫醇分子器件的非弹性电子隧穿谱 ······ (141)
7.1　氟化程度的影响 ·························· (144)
7.2　电极构型的影响 ·························· (148)

7.3 分子在金属面上倾斜角度的影响 ……………………（153）
7.4 本章小结 ………………………………………………（157）
第八章 总结与展望 …………………………………………（163）
8.1 研究工作总结 …………………………………………（163）
8.2 工作展望 ………………………………………………（166）
附录一 计算苯分子振动模式的 Gaussian 输入文件 ……（173）
附录二 分子转动 Fortran 程序 ……………………………（175）

第一章 分子器件非弹性电子隧穿谱简介

单分子器件和分子膜的输运性质是分子电子学的重要研究内容，但在该研究领域始终存在以下两个问题：一是隧穿电子是否确实通过有机分子这座"桥梁"从电极一端散射到另一端，二是有机分子在电子隧穿过程中处于怎样的状态。对这两个问题的深入研究促使了分子器件非弹性电子隧穿谱（Inelastic Electron Tunneling Spectroscopy，IETS）的产生和迅速发展，进行相关理论和实验研究也成为分子电子学发展的重要方向。[1] 图 1.1 给出了隧穿电子通过有机分子器件的示意图。

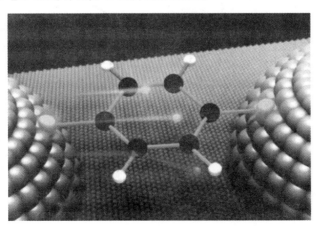

图 1.1　隧穿电子通过有机分子器件的示意图[1]

1.1 非弹性电子隧穿谱介绍

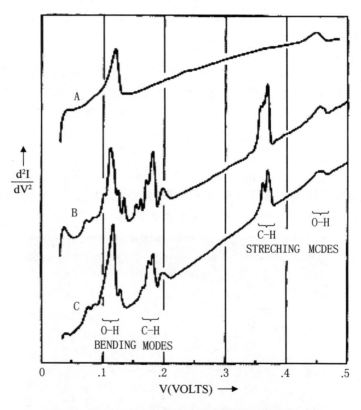

图 1.2 世界上第一次观测到的非弹性电子隧穿谱[2]

自 20 世纪 60 年代发展起来的非弹性电子隧穿谱技术主要是

一种测量吸附在金属层—绝缘层—金属层隧道结界面上的分子振动谱技术。1966 年首先由 Jaklevic 和 Lambe 在由金属—氧化物—金属构成的隧道结构中发现了有机分子的非弹性电子隧穿谱[2]。在实验中为了观测到隧道结偏压变化时隧穿电流的细微改变，Jaklevic 和 Lambe 采用二次导数技术，观测到一些在相应于分子振动的特定偏压处的尖峰，如图 1.2 所示。通过分析他们认为这些尖峰对应于因污染而附着于氧化物势垒层表面的乙酸和扩散泵油等有机分子的本征振动模式。

由于该项实验技术用电学方法研究了传统上认为需要用光学方法才能研究的内容，并且特别适合研究吸附于衬底表面上的有机分子，因此引起人们的广泛注意并迅速发展起来。[3-7]

1.1.1 非弹性电子隧穿谱的测量原理

根据量子力学中的隧道效应可以知道，粒子能以一定的几率穿过能量高于其动能的势垒。对于一般的金属层—绝缘层—金属层隧道结而言，其隧道结所产生的势垒很窄，此时若改变加在隧道结两侧的电压，则可以发现隧穿电子形成的隧穿电流有两条通道：一类是弹性通道，隧穿电子无能量损失地通过隧道结；另一类是非弹性通道，此过程是由隧穿电子与吸附于隧道结界面的有机分子发生非弹性碰撞造成的，即电子通过隧道结时损失能量使有机分子振动起来，其振动模式的频率 ν 应满足关系式 $h\nu = eV$，这里 h 为普朗克常数，e 是电子电荷，而 V 是隧道结的偏压。

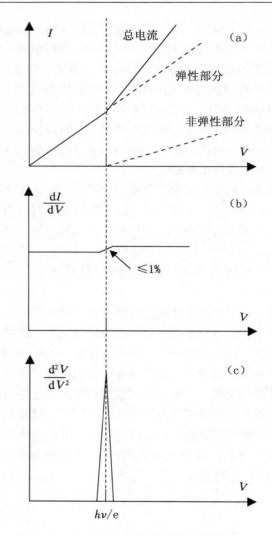

图 1.3 非弹性电子隧穿谱测量示意图

图1.3为非弹性电子隧穿谱（IETS）的测量示意图。如图1.3（a）所示，当外加偏压较小时，隧穿电子的能量不足以激发分子的振动态，从针尖到样品分子的电子隧穿为弹性电子隧穿；当样品所加偏压大于激发分子某一振动模所需要的阈值时，隧穿电子可以激发表面振动模式，非弹性隧穿的通道被打开，非弹性隧穿开始发生，使总电流逐渐增大。这时隧穿电流为弹性隧穿电流与非弹性隧穿电流之和。由于非弹性隧穿电流对总隧穿电流的贡献很小，在 $I-V$ 谱和 $dI/dV-V$ 谱上不容易测量，通常用二次微分谱（d^2I/dV^2-V 谱）对振动特征进行研究，表现为我们熟悉的振动谱形式，如图1.3（b）和（c）所示。

1.1.2 非弹性电子隧穿谱的特点

非弹性电子隧穿谱的特点之一是具有较高的灵敏度。通常人们利用红外光谱和 Raman 光谱技术来测定分子振动光谱，从而鉴别分子及判断某一基团是否存在。[8-10]但是当待测分子数量较少或者分子层为单分子层情况下，红外和 Raman 光谱技术就难以进行测量。考虑到电子比光子能够更好地与分子振动相耦合，非弹性电子隧穿谱会比红外和 Raman 光谱更加灵敏。一般说来，隧穿谱能检测的样品中最少分子数比光谱技术要低得多。特别是近年来发展起来的扫描隧道显微镜（Scanning Tunneling Microscope, STM）技术，可以做到几个分子甚至单个分子或原子的吸附，故其灵敏度极高。[11]

非弹性电子隧穿谱的特点之二是具有较宽的谱范围。它可以在 $0\sim3.0\mathrm{eV}$（$0\sim24000\mathrm{cm}^{-1}$）的能量范围内进行测量，不仅包括了分子振动能级部分，也包括了分子的电子能级部分。其最佳频率范围是 $50\sim500\mathrm{meV}$（$400\sim4000\mathrm{cm}^{-1}$），几乎覆盖了大多数有机分子的全部振动模式，该频率范围正好也是典型的红外光谱仪的光谱范围,其测量结果很容易由红外光谱来鉴别。非弹性电子隧穿谱中能量高于 0.5eV（4000cm^{-1}）的谱可以用于研究电子跃迁。但此时由于电子能量较大,与外界环境作用较强,因此谱的展宽很大,分辨率较低。在能量低于 50meV（400cm^{-1}）的区域,由于金属电极超声电子的干扰,谱变得模糊。

非弹性电子隧穿谱的特点之三是具有高分辨率。隧穿谱的测量一般是在液氦温度（4.2K）下进行,其谱峰宽度通常在 1.0~4.0meV（8~32cm^{-1}）之间,因此它的分辨率足以研究多数分子。谱峰的加宽来自于调制电压加宽和热加宽。调制电压是加在隧道结上一个小的交流电压（通常频率为 1kHz,振幅为 0~20mV）,用来作为锁定放大器的参考信号,是检测微弱隧穿电流信号所必需的。由调制电压产生的交变调制电流将使谱峰加宽,减小调制电压可以提高分辨率。热加宽是与金属电极内电子的费米分布有关,室温下热加宽的线宽高达 1000cm^{-1},因此非弹性电子隧穿谱必须在低温下测量。

非弹性电子隧穿谱另一个很重要的特点是它没有严格的选择定则。选择定则是对称性的普遍结果,光学谱的选择定则是由于光的波长与分子相比长很多,因此光的电场在分子尺度范围内是均匀的。但在非弹性电子隧穿谱的情形就完全不同,无论红外活性还是 Raman 活性的振动模式都可以在隧穿谱中出现,在一般光谱学中受禁戒的跃迁也可通过隧穿谱测量得到。

另外在非弹性电子隧穿谱中,还存在一种取向择优性。理论和实验显示隧穿电子以某种方式更强烈地与平行于隧穿电流方向（即垂直于结界面）的振荡电偶极子的振动模式相互作用,而且有时分子相对于表面倾斜角度的不同也会在隧穿谱中反映出来。因此可用非弹性电子隧穿谱获得有关分子取向的信息。

由于非弹性电子隧穿谱具有上述特点,因此早期的研究工作主要关注于研究表面和界面的物理、化学性质,如表面吸附分子、生物分子的电子辐照损伤、催化以及表面和界面上分子取向等。[12,13] 近十年来，如何利用有机分子的电学性质制备分子器件已成为分子电子学的研究热点，人们利用各种实验手段研究单分子器件和分子膜的输运性质。因此对这些分子器件的非弹性电子隧穿谱进行相关理论和实验研究是分子电子学发展的重要方向。

1.2 分子器件非弹性电子隧穿谱的产生与发展

扫描隧道显微镜技术特别是低温 STM 技术的发展和日益成熟，为单分子科学和 STM 的结合研究提供了机遇。单分子科学研究的重要工具首推扫描隧道显微术。1982 年，国际商业机器公司（IBM）瑞士苏黎世实验室的两位科学家 G. Binning 和 H. Rohrer 共同研制成功了世界第一台新型的表面分析仪器，此仪器及与其相关的技术称之为扫描隧道显微术。[14] 它的出现，使人类第一次能够在三维实空间下观察单个原子在物质表面的排列状态和与表面电子行为有关的物理、化学性质。在表面科学、材料科学、生命科学等研究领域中立即引人注目，被国际科学界公认为 20 世纪 80 年代世界十大科技成就之一。为表彰 STM 发明者们对人类科学研究作出的杰出贡献，1986 年 Binning 和 Rohrer 荣获诺贝尔物理学奖。扫描隧道显微术是将原子尺度的探针和被研究物质表面（即样品）作为两个电极，将它们之间的隧道电流检出，经过一系列的信息变换，样品的表面形貌将显示在计算机的荧光屏上。样品表面的电子结构不同，其反映出来的表面特征也不同。随后又诞生了原子力显微镜（AFM）、静电力显微镜、扫描粒子电导显微镜等，形成了一个丰富的扫描探针体系。伴随着荧光探针方法、光镊技术等的相继出现，它们被广泛应用于表面上的单分子研究。[15]

1998年Wilson Ho实验组利用高能量分辨率的扫描隧道谱学方法，首次用低温STM实现了对吸附于Cu(001)表面单个乙炔分子（C_2H_2，C_2D_2）的非弹性电子隧穿谱测量，[16]这是世界上第一次测量单个分子的非弹性电子隧穿谱，具有划时代的重大意义。

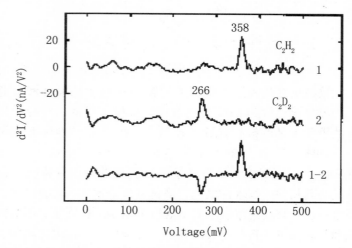

图1.4 世界上第一次测量的单个C_2H_2和C_2D_2分子非弹性电子隧穿谱[16]

他们在实验中得到了单个C-H键伸张振动模式的能量为358mV，单个C-D键的伸张振动模式能量为266mV（D比H质量大，振动频率小，振动能量小），如图1.4所示，C-H键和C-D键的伸张振动模式分别对应于二次微分谱中358mV和266mV处的尖峰，在这两个偏压下得到的d^2I/dV^2图像分别由C_2H_2和C_2D_2分子贡献。但是STM恒流图像并不能区分两种分子，用d^2I/dV^2成像的方法可以显示分子非弹性隧穿通道的空间分布，并且利用振动能量不同区分同位素分子，如图1.5所示。

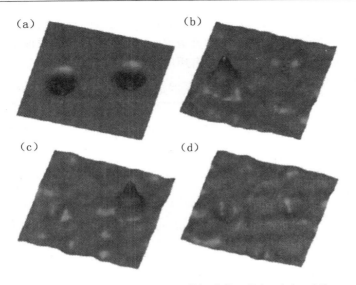

图 1.5 （a）为 C_2H_2 和 C_2D_2 的恒流像；（b），（c），（d）分别为同一区域在 358mV，266mV，311mV 的 d^2I/dV^2 图像（左边的分子为 C_2H_2，右边的分子为 C_2D_2）[16]

自此开始 Ho 等人进一步利用低温 STM 的二次微分谱测量非弹性电子隧穿谱，从而分辨吸附于不同金属表面的烃类基团及各种分子。列表 1.1 如下。

此外 Maki Kawai 研究组也利用类似的实验技术，利用 STM 的二次微分谱对非弹性电子隧穿谱进行测量。[28-32] 通过以上的实验工作，人们可以得到单分子化学键的信息，并且可以在此基础上通过特定的能量振动激发单个分子的特定化学键使其打开或者在表面迁移，这对于实现单分子选键化学具有重要的意义。[33] 同时，由于通过这样的实验测量，人们不仅可以提取分子电子器件内部的分子结构信息，而且能够方便地观测到电子隧穿过程中的能量弛豫和热量耗散，因此对分子器件进行非弹性电子隧穿谱测量日益受到人们的重视。[34]实际上非弹性电子隧穿谱测量技术在分子电子学的发展历程中十分重要，因为这项技术是目前鉴别分子和金属电极接触形状最为有用的工具之一。[35]

表 1.1　Ho 研究组测量的不同分子非弹性电子隧穿谱

分子	金属衬底	文献
C_2H_2, C_2D_2	Cu (001)	[16]
CO, Fe ($^{12}C^{16}O$), Fe ($^{12}C^{16}O$)$_2$, Fe ($^{13}C^{18}O$), Fe ($^{13}C^{18}O$)$_2$, Fe ($^{12}C^{16}O$) ($^{13}C^{18}O$)	Ag (110)	[17]
C_2H_2, C_2D_2, C_2HD	Cu (100), Ni (100)	[18]
FeCO, CuCO, Fe (CO)$_2$, Cu (CO)$_2$	Ag (110)	[19]
C_2H_2, C_2D_2	Cu (100)	[20]
CO	Cu (001), Cu (110)	[21]
C_2H_4, C_2D_4, $C_2H_2D_2$, C_2H_2, C_2D_2	Ni (110)	[22]
C_4H_4S, C_4H_4NH, C_4H_8NH, C_4D_8NH, C_4H_8S	Cu (100)	[23]
C_2H_2, C_2H, C	Cu (100)	[24]
C_6H_6, C_6D_6, C_5H_5N, C_5D_5N	Cu (001)	[25]
Copper phthalocyanine (CuPC)	Al_2O_3/NiAl (001)	[26]
C_4H_8NH	Cu (001)	[27]

2004 年 James G. Kushmerick 等人采用的是金属丝十字交叉法搭建金属电极，利用自组装分子膜技术分别测量了十一烷硫醇 (HS(CH$_2$)$_{10}$CH$_3$) 分子等三种有机分子的非弹性电子隧穿谱，[36]如图 1.6 (a) 所示。同时 Mark A. Reed 等人利用分子自组织生长的方式测量了 1, 8 - 辛二硫醇 (HS(CH$_2$)$_8$SH) 分子的 IETS，指出该隧穿谱有取向择优性，并且详细讨论了外界温

度对有机分子非弹性电子隧穿谱的影响,[37] 如图 1.6 (b) 所示。这两个工作组的测量结果在世界上首次从实验上证实: 隧穿电流的确是从一端电极通过有机分子散射到另一端电极的。[38,39]

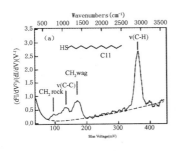 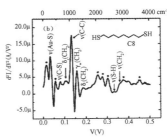

图 1.6 实验测量的非弹性电子隧穿谱

(a) C11 的非弹性电子隧穿谱[36];

(b) C8 的非弹性电子隧穿谱[37]

Takhee Lee 等人详细研究了 1,8 - octanedithiol (ODT) 和 1,4 - benzenedithiol (BDT) 两种有机分子的非弹性电子隧穿谱随不同门电压条件的变化情况。[40] Lee 等人认为隧穿谱对于考察电荷输运过程中分子的作用十分有用,尤其可以用于对电荷载流子与分子振动耦合的考察中。ODT 分子的非弹性电子隧穿谱并不随着门电压的增加而有所变化,但是 BDT 分子的隧穿谱对门电压的变化十分敏感,而且 BDT 分子的最高分子占据轨道 (HOMO) 与其分子振动模式的耦合很强,如图 1.7 所示。另外 Lee 等人还发现门电压并不能影响有机分子零电压附近 (zero - bias features) 的非弹性电子隧穿谱。

人们对硫基作为终端的有机分子的非弹性电子隧穿谱研究得比较多,而对于氨基作为终端的链烃分子的隧穿谱测量较少见。Elke Scheer 等人采用金属提拉法制备 1,8 - octanedithiol (ODT,HS - [CH_2]$_8$ - SH) 和 1,8 - octanediamine (ODA,H_2N -

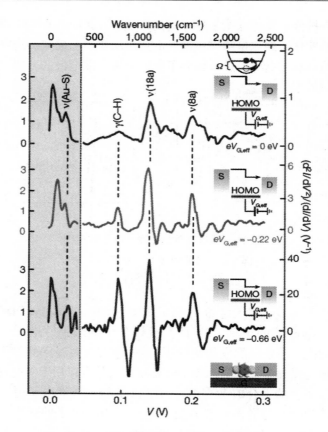

图 1.7 不同门电压情况下的 BDT 分子的非弹性电子隧穿谱[40]

[CH_2]$_8NH_2$)两种典型的以硫基和氨基为终端的链烃分子的有机分子器件,并对其非弹性电子隧穿谱进行了详细的比较研究。[41]实验发现 ODT 和 ODA 分子具有反对称的伏安特性曲线和非弹性电子隧穿谱,这说明有机链烃分子都是对称地耦合在金属电极上的。金属电极距离改变后,有机分子非弹性电子隧穿谱的

峰位和峰高均发生改变。Elke Scheer 等人发现，有些振动模式在实验上能探测到，而在理论上无法计算出该振动模式的贡献，反之亦然。这是由于隧穿谱是有对应的，很可能对应于有机分子和金属电极的不同的接触构型。当硫原子和氮原子处于金属电极的顶位（top position）时，Au-N 之间的键能小于 Au-S 的键能。在极低电压范围（0—45mV）内，Scheer 等人还发现随着电极距离的增加，Au-S 振动模式对应的隧穿谱比较稳定，而 Au-N 振动模式对应的隧穿谱会发生红移，如图 1.8 所示。

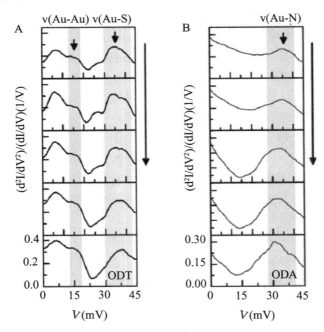

图 1.8 极低电压范围内不同金属电极距离情况下的 ODT 和 ODA 分子的非弹性电子隧穿谱[41]

伴随着实验工作的不断发展,[42-49]理论工作者也发展了各种方法来理解和预测分子器件的非弹性电子隧穿谱。[50-62] Luo 研究组在建立的弹性散射格林函数方法的基础上,考虑了非弹性散射过程,得到了与实验结果符合较好的 IETS,从而提取了分子结的微观结构。[50-53] Troisi 和 Ratner 利用 Landauer-Imry 近似方法研究具有 C_{2h} 点群对称性有机分子的 IETS,指出该类型分子的隧穿谱具有点群对称择优性。[54,55] Galperin 等运用他们所发展的最小阶微扰理论方法(the lowest order perturbation theory),详细讨论了分子 IETS 的线型和线宽,并与实验结果进行了比较。[56]

Lin 等人理论研究了 hexadecanethiol 分子及其氟化分子的非弹性电子隧穿谱,发现这些有机分子的隧穿谱中都不存在 C-F 伸缩振动模式的贡献,[57] 如图 1.9 所示。通过计算可以指认出,实验中 C-H 伸缩振动模式所对应的谱峰主要来源于与 S 原子最近邻的两个亚甲基基团的伸缩振动模式。该项理论工作初步澄清了十六烷硫醇分子非弹性电子隧穿谱中关于 C-H 伸缩振动模式来源的疑问。Lin 等人还发现,非弹性电子隧穿谱的谱峰高低与有机分子在两金属电极之间的倾斜角度有密切关系,并且与十六烷硫醇分子的氟化位置有关。该项目的研究成果与 Beebe 等人的实验测量结果相符合。[42]

以上结果表明,通过测量分子器件的 IETS,人们能够捕捉到分子器件微观结构的信息。由于分子器件的 IETS 与分子结构本身和分子与表面的相互作用等因素密切相关,因此从理论研究的角度出发,该领域的工作既涉及理论方法的发展,也涉及得到不同分子器件的 IETS 和寻找 IETS 与各种因素的关系。[63-66]

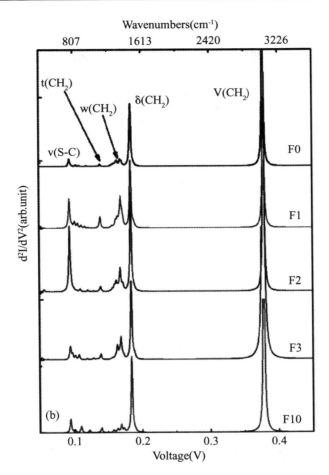

图 1.9　理论计算的 hexadecanethiol 分子及其氟化分子的非弹性电子隧穿谱[57]

1.3 目前存在的问题和本书的主要工作

1.3.1 目前存在的问题

目前在分子器件非弹性电子隧穿谱领域的实验技术和理论水平都还有待提高，不但从理论上很难与实验结果完全相符合，就是不同的实验小组对同一类分子进行测量的结果之间也会存在较大差别。如前文提到的 2004 年 Kushmerick 和 Reed 两实验小组分别测量同属于饱和链烃（也就是烷烃）的有机分子 C11 和 C8,[36,37]其实验结果相差较大，如图 1.5 所示。

存在以上差别的主要原因在于，利用分子进行非弹性电子隧穿谱测量时不可避免地要通过电极与分子相连接，而且分子器件的工作离不开电场。一般的分子是由有限个原子构成的，分子占据的空间很小，不仅分子电子结构极易受到外界的连接物以及外电场的影响，而且隧穿电子与分子振动的耦合也与金属电极的形状等因素密切相关。

目前实验上无法确定分子与电极的确切接触构型以及分子与电极之间的距离，因此不同实验组利用不同的实验方法所获得的非弹性电子隧穿谱就无法避免地存在较大差别。既然实验上还有很多因素无法控制和确定，在理论计算时只能去假设分子与电极可能的连接方式。如果设想接触构型接近实验构型，并且可以得出与实验结果相似的隧穿谱曲线，那么就可以用理论方法来解释实验结果。然而，目前的理论方法在计算中只能考虑电极的有限个原子，不同的理论方法还存在争议，而且理论上很好地考虑电场及隧穿电子与分子振动的相互作用还存在一定困难，所以理论结果与实验结果存在差别是在所难免的。因此要构建能够稳定工作的单分子功能器件，要让单分子功能器件进入技术和实际应用领域，在分子器件非弹性电子隧穿谱领域还需要做大量深入细致的实验及理论研究。

1.3.2 解决方案和本书的工作

由于隧穿谱的峰值对应于有机分子的振动模式，因此，测量分子器件非弹性电子隧穿谱不仅可以用来理解隧穿电子与分子振动模式的耦合作用，而且能够提供分子器件几何和接触构型等各类信息。由于非弹性电子隧穿谱测量技术是目前确定分子和金属电极接触形状最为有用的手段之一，因此该项技术在分子电子学的发展过程中具有十分重要的作用。

许多实验和理论研究组对单分子的非弹性电子隧穿谱进行了相关研究，并且取得了很多有意义的成果。然而目前在该研究领域的实验技术和理论水平都还不够成熟，不但从理论上很难与实验结果完全符合，就是不同的实验组对同一类分子进行研究的结果之间也会存在很大的差别。存在以上问题的主要原因是：与电极相比，有机分子是体积很小的体系，因此外界因素的变化对分子非弹性电子隧穿谱的影响会很明显。本书在杂化密度泛函理论的基础上，详细讨论了电场对分子器件电输运性质的影响，并分析了有外加电场情况下分子器件的电子重新分布和空间电势变化情况；发展了第一性原理的理论方法来模拟分子器件的非弹性电子隧穿过程，研究了电极距离、分子与金属间的接触构型、分子的氟化程度等因素对分子非弹性电子隧穿的影响。

微观体系的电子输运过程本质上是电子的跃迁和散射的过程，因此我们根据黄金规则和弹性散射格林函数的方法发展了一套计算分子器件电流电导特性的公式，在此基础上进一步考虑分子振动和隧穿电子耦合，从而计算出分子器件非弹性电子隧穿谱。整个计算过程已经编写成程序包，并命名为基于量子化学计算的分子电子学（Quantum Chemistry for Molecular Electronics, QCME）程序包。[67,68] 计算过程中首先利用量子化学计算的方法计算出分子体系的几何结构、电子结构和分子振动的相关信息，然后利用 QCME 程序包计算出分子和电极的相互作用情况以及分子的非弹性电子隧穿谱。

由于含有苯环的芳香族共轭分子以及饱和链烃（即烷烃）分子是两类比较常见的有机分子，人们对该类分子器件电输运性质研究得比较多。本书分别选取这两类分子的典型代表，4,4′-联苯二硫酚分子（4,4′- biphenyldithiol molecule）和十六烷硫醇分子（1- Hexadecanethiol molecule），来研究分子器件的非弹性电子隧穿谱，并与实验结果进行比较。

在弹性散射格林函数方法基础上对 4,4′-联苯二硫酚分子器件的非线性电输运特性进行研究，结果显示分子体系的扭转角随电场的增大而单调递减，4,4′-联苯二硫酚分子沿电场的反方向有微小的移动。终端 S 原子与 Au 原子团簇之间耦合系数随着电场强度的变化呈现非线性变化趋势，这种变化趋势与 S 原子到 Au 平面垂直距离的变化一致：距离越大耦合系数越小，距离越小耦合系数越大。随着电场的增加，最高占据分子轨道和最低未占据分子轨道之间的能隙变窄。电场方向的改变导致非线性 I-V 曲线是不对称的：4,4′-联苯二硫酚分子的电导值在 0.7V 开始开启，并且在 1.04V 和 1.28V 分别出现两个电导峰值；在负向电压情况下两个峰值位置分别出现在 -0.88V 和 -1.04V。对于该分子器件而言，不同电场情况下对分子的优化过程可以有效避免因不优化分子而得到的负微分电阻。计算结果表明有外加电压情况下电荷的重新分布在分子与电极的接触点附近产生了附加电偶极子，并进而引起非线性输运效应。通过对分子电势分布情况的分析发现，4,4′-联苯二硫酚分子两个苯环不共面，会对该分子器件电输运产生不利影响。我们的计算工作较好地符合了实验结果。研究结果还表明，电极距离的不同会改变分子的几何结构和电子结构，从而影响分子体系的电输运特性。扩展分子的平衡状态不是电子输运的最佳状态，适当调整两个电极之间距离可以改善分子的电输运特性。

  电极距离以及分子与金属的接触构型是影响分子器件非弹性电子隧穿谱的两个重要因素。通过对4,4′-联苯二硫酚分子器件非弹性电子隧穿谱的计算表明，电极距离的不同会改变分子几何结构，从而影响分子体系的非弹性电子隧穿谱。通过分析4,4′-联苯二硫酚分子的非弹性电子隧穿谱，发现垂直于表面的振动模式对非弹性电子隧穿谱具有较大的贡献，表明了非弹性电子隧穿谱存在着取向择优性。较大相对谱强度主要是来自于ν（C-S），ν（6a），ν（18a）和ν（19a）等简正振动模式的贡献。对于每种振动模式所对应的非弹性电子隧穿谱半高全宽，基本上都是正三角形的比单个Au原子电极构型的要大一些，这表明正三角形构型情况下4,4′-联苯二硫酚分子和金属电极的相互作用要比单个Au原子情况下的强一些。随着温度由4.2K逐步升高到50.0K，非弹性电子隧穿谱中原先比较尖锐、易辨别的峰逐渐变得模糊不易分辨，而且谱峰宽度逐渐变宽。

  通过对十六烷硫醇分子及其部分氟化分子（F0，F1，F2，F3和F10）等五种烷烃分子的非弹性电子隧穿谱的理论计算发现，隧穿谱中C-H伸缩振动模式的贡献应该是来源于链烃分子中的与S原子相邻的亚甲基（-CH_2-）基团伸缩振动模式，而不是来源于分子终端的甲基（-CH_3）基团。该项结果与实验结论相一致，我们的理论工作有助于澄清类似的链烃硫醇分子非弹性电子隧穿谱中关于C-H伸缩振动模式来源的疑问。我们认为标记为"CH_2 wag"的实验峰可能包含CH_2面外摇摆振动、CH_2

扭绞振动、变形振动模式等一系列振动模式的贡献。计算发现F10分子非弹性电子隧穿谱114mV附近存在被氟化区域的C－C－C变形振动模式对隧穿谱的贡献，实验中F10分子隧穿谱中标记为"CH_2 wag"的实验峰应该含有C－C－C变形振动模式的贡献。进一步的理论计算结果表明，当该类型分子与电极表面成55°时，C－H伸缩振动模式对隧穿谱贡献处于整个谱峰的主要地位，而且该振动模式主要来源于与S原子相邻的亚甲基基团的伸缩振动模式。本书的计算结果与实验测量相吻合。此外需要更深入的理论工作来研究十六烷硫醇系列分子与金属电极接触方式对分子器件非弹性电子隧穿谱的影响。

　　本书共由八章内容组成：第一章为综述部分，简要介绍了分子器件非弹性电子隧穿谱的产生背景、该领域实验和理论发展现状和目前存在的主要问题；第二章介绍了密度泛函理论（DFT）的基本理论，包括Hohenberg－Kohn定理、Kohn－Sham方程和交换关联泛函等；分子振动模式以及Gaussian程序中的振动分析方法在第三章作了总结；弹性散射格林函数理论以及分子器件非弹性电子隧穿谱计算方法在第四章中作了详细的推导；第五章到第七章介绍了计算工作和研究结果。第五章分析了外加电场、电极距离和分子构型对4,4′－联苯二硫酚分子的几何结构、电子结构和伏安特性的影响，并描述了有电场情况下的电荷重新分布以及电势的变化情况。第六章讨论了不同的电极距离和接触构型对4,4′－联苯二硫酚分子非弹性电子隧穿谱的影响，同时讨论了温度的影响。第七章对十六烷硫醇分子及其部分氟化分子等系列烷烃分子的非弹性电子隧穿谱进行了讨论，考察了氟化程度和倾斜角度对分子器件非弹性电子隧穿谱的影响，并且与实验结果进行了比较；在第八章中对研究工作进行了全面总结，并对分子器件非弹性电子隧穿谱研究领域未来的发展进行了展望。

参考文献

[1] H. Song, M. A. Reed, and T. Lee, Single Molecule Electronic Devices, Adv. Mater. 23 (14), 1583 – 1608 (2011).
[2] R. C. Jaklevic and J. Lambe, Molecular Vibration Spectra by Electron Tunneling, Phys. Rev. Lett. 17 (22), 1139 – 1140 (1966).
[3] P. K. Hansma, Inelastic electron tunneling, Physics Reports 30 (2), 145 – 206 (1977).
[4] J. Kirtley and J. T. Hall, Theory of intensities in inelastic – electron tunneling spectroscopy orientation of adsorbed molecules, Phys. Rev. B 22 (2), 848 – 856 (1980).
[5] J. Lambe and R. C. Jaklevic, Molecular Vibration Spectra by Inelastic Electron Tunneling, Phys. Rev. 165 (3), 821 – 832 (1968).
[6] D. J. Scalapino and S. M. Marcus, Theory of Inelastic Electron – Molecule Interactions in Tunnel Junctions, Phys. Rev. Lett. 18 (12), 459 – 461 (1967).
[7] John Kirtley, D. J. Scalapino, and P. K. Hansma, Theory of vibrational mode intensities in inelastic electron tunneling spectroscopy, Phys. Rev. B 14 (8), 3177 – 3184 (1976).
[8] Y. Yamaguchi, M. Frisch, J. Gaw, H. F. Schaefer III, and J. S. Binkley, Analytic evaluation and basis set dependence of intensities of infrared spectra, J. Chem. Phys. 84 (4), 2262 – 2278 (1986). J. Chem. Phys. 85 (10), 6251 (1986).
[9] M. J. Frisch, Y. Yamaguchi, J. F. Gaw, H. F. Schaefer III, and J. S. Binkley, Analytic Raman intensities from molecular electronic wave functions, J. Chem. Phys. 84 (1), 531 – 532 (1986).
[10] R. D. Amos, Dipole moment derivatives of H_2O and H_2S, Chem. Phys. Lett. 108 (2), 185 – 190 (1984).
[11] 王炜华, 王兵, 侯建国. 扫描隧道显微术中的微分谱学及其应用. 物

理 35 (1), 27-33 (2006).
[12] 王兰萍. 隧穿谱的研究进展. 物理, 18 (12), 726-730 (1989).
[13] J. B. Maddox, U. Harbola, N. Liu, C. Silien, W. Ho, G. C. Bazan, and S. Mukamel, Simulation of Single Molecule Inelastic Electron Tunneling Signals in Paraphenylene - Vinylene Oligomers and Distyrylbenzene [2.2] paracyclophanes, J. Phys. Chem. A. 110 (19), 6329-6338 (2006).
[14] H. J. Lee and W. Ho, Single - Bond Formation and Characterization with a Scanning Tunneling Microscope, Science 286 (5445), 1719-1722 (1999).
[15] A. Nitzan and M. A. Ratner, Electron Transport in Molecular Wire Junctions, Science 300 (5624), 1384-1389 (2003).
[16] B. C. Stipe, M. A. Rezaei, and W. Ho, Single - Molecule Vibrational Spectroscopy and Microscopy, Science 280 (5370), 1732-1735 (1998).
[17] H. J. Lee and W. Ho, Single - Bond Formation and Characterization with a Scanning Tunneling Microscope, Science 286 (5445), 1719-1722 (1999).
[18] B. C. Stipe, M. A. Rezaei, and W. Ho, Localization of Inelastic Tunneling and the Determination of Atomic - Scale Structure with Chemical Specificity, Phys. Rev. Lett. 82 (8), 1724-1727 (1999).
[19] H. J. Lee and W. Ho, Structural determination by single - molecule vibrational spectroscopy and microscopy: Contrast between copper and iron carbonyls, Phys. Rev. B 61 (24), R16347-R16350 (2000).
[20] B. C. Stipe, M. A. Rezaei, and W. Ho, Coupling of Vibrational Excitation to the Rotational Motion of a Single Adsorbed Molecule, Phys. Rev. Lett. 81 (6), 1263-1266 (1998).
[21] L. J. Lauhon and W. Ho, Single - molecule vibrational spectroscopy and microscopy: CO on Cu (001) and Cu (110), Phys. Rev. B 60 (12), R8525-R8528 (1999).
[22] J. Gaudioso, H. J. Lee, and W. Ho, Vibrational Analysis of Single Molecule Chemistry: Ethylene Dehydrogenation on Ni (110), J. Am. Chem.

Soc. 121 (37), 8479 – 8485 (1999).

[23] J. Gaudioso and W. Ho, Single – Molecule Vibrations, Conformational Changes, and Electronic Conductivity of Five – Membered Heterocycles, J. Am. Chem. Soc. 123 (41), 10095 – 10098 (2001).

[24] F. E. Olsson, M. Persson, N. Lorente, L. J. Lauhon, and W. Ho, STM Images and Chemisorption Bond Parameters of Acetylene, Ethynyl, and Dicarbon Chemisorbed on Copper, J. Phys. Chem. B. 106 (33), 8161 – 8171 (2002).

[25] L. J. Lauhon and W. Ho, Single – Molecule Chemistry and Vibrational Spectroscopy: Pyridine and Benzene on Cu (001), J. Phys. Chem. A. 104 (11), 2463 – 2467 (2000).

[26] X. H. Qiu, G. V. Nazin, and W. Ho, Vibronic States in Single Molecule Electron Transport, Phys. Rev. Lett. 92 (20), 206102 (2004).

[27] J. Gaudioso, L. J. Lauhon, and W. Ho, Vibrationally Mediated Negative Differential Resistance in a Single Molecule, Phys. Rev. Lett. 85 (9), 1918 – 1921 (2000).

[28] T. Komeda, Y. Kim, M. Kawai, B. N. J. Persson, and H. Ueba, Lateral Hopping of Molecules Induced by Excitation of Internal Vibration Mode, Science 295 (5562), 2055 – 2058 (2002).

[29] Y. Kim, T. Komeda, and M. Kawai, Single – Molecule Reaction and Characterization by Vibrational Excitation, Phys. Rev. Lett. 89 (12), 126104 (2002).

[30] T. Komeda, Y. Kim, Y. Fujita, Y. Sainoo, and M. Kawai, Local chemical reaction of benzene on Cu (110) via STM – induced excitation, J. Chem. Phys. 120 (11), 5347 – 5352 (2004).

[31] Y. Sainoo, Y. Kim, T. Okawa, T. Komeda, H. Shigekawa, and M. Kawai, Excitation of Molecular Vibrational Modes with Inelastic Scanning Tunneling Microscopy Processes: Examination through Action Spectra of cis – 2 – Butene on Pd (110), Phys. Rev. Lett. 95 (24), 246102 (2005).

[32] H. Ueba and B. N. J. Persson, Action spectroscopy for single – molecule

motion induced by vibrational excitation with a scanning tunneling microscope, Phys. Rev. B 75 (4), 041403 (R) (2007).
[33] W. Ho, Single – molecule chemistry, J. Chem. Phys. 117 (24), 11033 – 11061 (2002).
[34] A. Troisi, M. A. Ratner, and A. Nitzan, Vibronic effects in off – resonant molecular wire conduction, J. Chem. Phys. 118 (13), 6072 – 6082 (2003).
[35] A. H. Flood, J. F. Stoddart, D. W. Steuerman, and J. R. Heath, Enhanced: Whence Molecular Electronics? Science 306 (5704), 2055 – 2056 (2004).
[36] J. G. Kushmerick, J. Lazorcik, C. H. Patterson, R. Shashidhar, D. S. Seferos, and G. C. Bazan, Vibronic Contributions to Charge Transport Across Molecular Junctions, Nano Lett. 4 (4), 639 – 642 (2004).
[37] W. Wang, T. Lee, I. Kretzschmar, and M. A. Reed, Inelastic Electron Tunneling Spectroscopy of an Alkanedithiol Self – Assembled Monolayer, Nano Lett. 4 (4), 643 – 646 (2004).
[38] G. C. Solomon, A. Gagliardi, A. Pecchia, T. Frauenheim, A. D. Carlo, J. R. Reimers, and N. S. Hush, Understanding the inelastic electron – tunneling spectra of alkanedithiols on gold, J. Chem. Phys. 124 (9), 094704 (2006).
[39] J. R. Reimers, G. C. Solomon, A. Gagliardi, A. Bili, N. S. Hush, T. Frauenheim, A. Di Carlo, and A. Pecchia, The Green's Function Density Functional Tight – Binding (gDFTB) Method for Molecular Electronic Conduction, J. Phys. Chem. A 111 (26), 5692 – 5702 (2007).
[40] H. Song, Y. Kim, Y. H. Jang, H. Jeong, M. A. Reed and T. Lee, Observation of molecular orbital gating, Nature, 462, 1039 – 1043 (2009).
[41] Y. Kim, T. J. Hellmuth, M. Bürkle, F. Pauly, and E. Scheer, Characteristics of Amine – Ended and Thiol – Ended Alkane Single – Molecule Junctions Revealed by Inelastic Electron Tunneling Spectroscopy, ACS Nano, 5, 4104 – 4111 (2011).
[42] J. M. Beebe, H. J. Moore, T. R. Lee, and J. G. Kushmerick, Vibronic Coupling in Semifluorinated Alkanethiol Junctions: Implications for Selec-

tion Rules in Inelastic Electron Tunneling Spectroscopy, Nano Lett. 7 (5), 1364–1368 (2007).

[43] L. H. Yu, C. D. Zangmeister, and J. G. Kushmerick, Origin of Discrepancies in Inelastic Electron Tunneling Spectra of Molecular Junctions, Phys. Rev. Lett. 98 (20), 206803 (2007).

[44] W. Wang, A. Scott, N. Gergel – Hackett, C. A. Hacker, D. B. Janes, and C. A. Richter, Probing Molecules in Integrated Silicon – Molecule – Metal Junctions by Inelastic Tunneling Spectroscopy, Nano Lett. 8 (2), 478–484 (2008).

[45] A. Honciuc, R. M. Metzger, A. Gong, and C. W. Spangler, Elastic and Inelastic Electron Tunneling Spectroscopy of a New Rectifying Monolayer, J. Am. Chem. Soc. 129 (26), 8310–8319 (2007).

[46] W. Wang and C. A. Richter, Spin – polarized inelastic electron tunneling spectroscopy of a molecular magnetic tunnel junction, Appl. Phys. Lett. 89 (15), 153105 (2006).

[47] D. P. Long, J. L. Lazorcik, B. A. Mantooth, M. H. Moore, M. A. Ratner, A. Troisi, Y. Yao, J. W. Ciszek, James M. Tour, and R. Shashidhar, Effects of hydration on molecular junction transport, Nature Mater. 5 (11), 901–908 (2006).

[48] L. Cai, M. A. Cabassi, H. Yoon, O. M. Cabarcos, C. L. McGuiness, A. K. Flatt, D. L. Allara, J. M. Tour, and T. S. Mayer, Reversible Bistable Switching in Nanoscale Thiol – Substituted Oligoaniline Molecular Junctions, Nano Lett. 5 (12), 2365–2372 (2005).

[49] A. -S. Hallbäck, N. Oncel, J. Huskens, H. J. W. Zandvliet, and B. Poelsema, Inelastic Electron Tunneling Spectroscopy on Decanethiol at Elevated Temperatures, Nano Lett. 4 (12), 2393–2395 (2004).

[50] J. Jiang, M. Kula, W. Lu, and Y. Luo, First – Principles Simulations of Inelastic Electron Tunneling Spectroscopy of Molecular Electronic Devices, Nano Lett. 5 (8), 1551–1555 (2005).

[51] J. Jiang, M. Kula, and Y. Luo, A generalized quantum chemical approach for elastic and inelastic electron transports in molecular electronics devices,

J. Chem. Phys. 124 (3), 034708 (2006).

[52] M. Kula, J. Jiang, and Y. Luo, Probing Molecule – Metal Bonding in Molecular Junctions by Inelastic Electron Tunneling Spectroscopy, Nano Lett. 6 (8), 1693 – 1698 (2006).

[53] M. Kula and Y. Luo, Effects of intermolecular interaction on inelastic electron tunneling spectra, J. Chem. Phys. 128 (6), 064705 (2008).

[54] A. Troisi and M. A. Ratner, Molecular Transport Junctions: Propensity Rules for Inelastic Electron Tunneling Spectra, Nano Lett. 6 (8), 1784 – 1788 (2006).

[55] A. Troisi and M. A. Ratner, Propensity rules for inelastic electron tunneling spectroscopy of single – molecule transport junctions, J. Chem. Phys. 125 (21), 214709 (2006).

[56] M. Galperin, M. A. Ratner, and A. Nitzan, On the Line Widths of Vibrational Features in Inelastic Electron Tunneling Spectroscopy, Nano Lett. 4 (9), 1605 – 1611 (2004).

[57] L. - L. Lin, B. Zou, C. - K. Wang, and Y. Luo, Assignments of Inelastic Electron Tunneling Spectra of Semifluorinated Alkanethiol Molecular Junctions, J Phys. Chem. C 115, 20301 – 20306 (2011).

[58] G. Teobaldi, M. Peñalba, A. Arnau, N. Lorente, and W. A. Hofer, Including the probe tip in theoretical models of inelastic scanning tunneling spectroscopy: CO on Cu (100), Phys. Rev. B 76 (23), 235407 (2007).

[59] H. Nakamura and K. Yamashita, Systematic Study on Quantum Confinement and Waveguide Effects for Elastic and Inelastic Currents in Atomic Gold Wire: Importance of the Phase Factor for Modeling Electrodes, Nano Lett. 8 (1), 6 – 12 (2008).

[60] D. A. Ryndyk and G. Cuniberti, Nonequilibrium resonant spectroscopy of molecular vibrons, Phys. Rev. B 76 (15), 155430 (2007).

[61] E. J. McEniry, D. R. Bowler, D. Dundas, A. P. Horsfield, C. G. Sánchez, and T. N. Todorov, Dynamical simulation of inelastic quantum transport, J. Phys.: Condens. Matter 19 (19), 196201 (2007).

[62] T. Frederiksen, N. Lorente, M. Paulsson, and M. Brandbyge, From tunneling to contact: Inelastic signals in an atomic gold junction from first principles, Phys. Rev. B 75 (23), 235441 (2007).

[63] 舒启清. 电子隧穿原理. 北京: 科学出版社, 1998: 96 – 102.

[64] J. G. Kushmerick, A. S. Blum, and D. P. Long, Metrology for molecular electronics, Analytica Chimica Acta 568 (1 – 2), 20 – 27 (2006).

[65] L. H. Yu, C. D. Zangmeister, and J. G. Kushmerick, Structural Contributions to Charge Transport across Ni – Octanedithiol Multilayer Junctions, Nano Lett. 6 (11), 2515 – 2519 (2006).

[66] A. L. Schmucker, G. Barin, K. A. Brown, M. Rycenga, A. Coskun, O. Buyukcakir, K. D. Osberg, J. F. Stoddart, and C. A. Mirkin, Electronic and Optical Vibrational Spectroscopy of Molecular Transport Junctions Created by On – Wire Lithography, Small. doi: 10.1002/smll.201201993

[67] Jun Jiang, Chuan – Kui Wang, and Yi Luo, QCME – V1.1 (Quantum Chemistry for Molecular Electronics), Royal Institute of Technology, Sweden, (2006).

[68] L. – L. Lin, C. – K. Wang, and Y. Luo, Inelastic Electron Tunneling Spectroscopy of Gold – Benzenedithiol – Gold Junctions: Accurate Determination of Molecular Conformation, ACS Nano, 5 (3), 2257 – 2263 (2011).

第二章 密度泛函理论

本书所有计算都是在量子力学基础上进行的，比如计算分子的总能量、分子的几何结构、电子结构以及分子的振动模式等。这种应用量子力学的基本原理和方法来研究分子的结构、性能及其结构与性能之间关系等化学问题的方法一般称为量子化学方法。从某种意义上来讲，所有的量子化学方法的出发点和最终目的都是为了求解薛定谔方程。就目前而言，薛定谔方程一般可以通过下面几种方式求解：一种是从头计算（ab-initio）法，从头计算的本意是指不采用任何经验参数而只是通过某些硬性规定和推演得出结论。在量子化学中一般是指仅从薛定谔方程出发除了基本的物理常数之外不采用任何其他经验参数的方法。另一种是经验方法又称为分子力场方法，它们完全依靠经验参数来支持，这些参数是通过拟合大量原子体系的数据得到的，在整理参数时还必须作统计处理。还有一种是半经验方法，即前面两种方法的结合。

严格来讲，对于多原子多电子分子体系用从头计算法准确地求解薛定谔方程目前来看是不可能的。因此，现在应用的各种量子化学从头计算方法都采取了不同程度的近似。例如，①最基本的非相对论近似，因为量子化学中的薛定谔方程本身就是以非相对论近似为基础的；②波恩—奥本海默近似又称为绝热近似，由于原子核的质量比电子的质量大得多，电子的速度比原子核的速度快得多，电子处于高速运动中，而原子核只是在它们的平衡位置附近振动，因此我们可以作如下近似处理：考虑电子运动时认为原子核是处于它们的瞬时位置上，而考虑原子核的运动时则不考虑电子在空间的具体分布；③分子轨道近似，即分子体系中的电子用统一的波函数来描述，这种统一的波函数类似于原子体系中的原子轨道，被称作分子轨道，分子轨道理论是目前应用最为广泛的量子化学理论方法；④Hartree-Fock（HF）方法中采用的自洽场近似等等。由于诸多近似方法的使用，从头计算方法并不是真正意义上的"从头计算"，但是其近似方法的运用使得量子计算得以实现。从头计算的结果具有相当的可靠程度，某些精确的从头计算产生的误差甚至比实验误差还小。这也正是从头计算方法目前得以广泛应用的主要原因。在本章中仅就本书中用到的量子化学方法作简单介绍。

20世纪60年代密度泛函理论（Density Functional Theory，DFT）提出之后，W. Kohn 和 L. J. Sham 在局域密度近似下导出 Kohn-Sham 方程。经过不断的发展与完善，密度泛函理论方法已经成为计算电子结构的有力工具，使得量子化学得到更加广泛的应用。密度泛函理论方法提供了第一性原理的计算框架，它可以解决原子、分子中许多问题，如电离势的计算、振动光谱的研究、催化活性位的选择、生物分子的电子结构等。[1]由于在密度泛函理论的建立和具体实现上的贡献，Kohn 和 Pople 分享了1998年诺贝尔化学奖。

要建立严格的密度泛函理论，必须回答如下两个问题：一是粒子密度能否决定体系的一切性质；二是如何从粒子密度与体系性质的关系来求得体系的性质。Hohenberg-Kohn 定理回答了这两个问题。

2.1 Hohenberg – Kohn 定理

考虑含有 N 个电子的相互作用系统，当假定总电子数和电子间相互作用的形式以及电荷和质量均不改变时，外扰势 V_{ext} [或定域外势 $V(r)$] 自然成为控制多电子系统物性的唯一变量。1964 年 Hohenberg 和 Kohn 首先证明了一个基本的引理：作用在多体系统中每个电子上的定域外势 $V(r)$ 与系统的基态电子数密度 $\rho(r)$ 之间存在着一一对应关系，即一个外势 $V(r)$ 仅仅对应于一个基态密度 $\rho(r)$。

当定域外势 $V(r)$ 为已知时，原则上是可以确定系统的基态波函数 $\Psi = \Psi[V]$，不仅如此，还可以进一步确定系统的基态能、动能和电子间的相互作用。并将它们都写成泛函形式：$\varepsilon(V)$、$T(V)$ 和 $V_{ee}(V)$，由于 V 与 ρ 一一对应，又可以进一步将这些物理量写成系统基态密度 $\rho(r)$ 的泛函：$E(\rho)$、$T(\rho)$ 和 $V_{ee}(\rho)$，在这个意义上，基态密度 $\rho(r)$ 是描述相互作用多电子系统基态所有物理性质的基本变量。这是密度泛函理论的基本想法，它是建立在 P. Hohenberg 和 W. Kohn 的关于非均匀电子气理论基础上的，可归结为两个基本定理[2]：

（1）定理一：不计自旋的全同费米子系统的基态能量是粒子数密度函数 $\rho(r)$ 的唯一泛函。该定理说明多粒子体系的基态单粒子密度与其所处的外势场之间有一一对应关系，同时确定了体系的粒子数，从而决定了体系的哈密顿算符，进而决定体系的所有性质。该定理为密度泛函理论打下了坚实的理论基础。

（2）定理二：即体系基态总能量（表示成粒子密度的泛函形式）$E[\rho]$ 在粒子数不变条件下对正确的粒子数密度函数取极小值，并等于体系基态真实总能量。该定理是密度泛函框架下的变分原理,为采用变分方法处理实际问题指出了一种可行的方案。

这里所处理的基态是非简并的,不计自旋的全同费米子(这里指电子)系统的哈密顿量为

$$H = T + U + V \tag{2.1.1}$$

其中动能项为

$$T = \int dr \nabla \Psi^+(r) \cdot \nabla \Psi(r) \tag{2.1.2}$$

库仑排斥项为

$$U = \frac{1}{2}\int dr dr' \frac{1}{|r-r'|} \Psi^+(r)\Psi^+(r')\Psi(r)\Psi(r') \tag{2.1.3}$$

V 为对所有粒子都相同的局域势 $V(r)$ 表示的外场的影响,即

$$V = \int dr V(r) \Psi^+(r) \Psi(r) \tag{2.1.4}$$

这里 $\Psi^+(r)$ 和 $\Psi(r)$ 分别表示在 r 处产生和湮灭一个粒子的场算符。粒子数密度函数 $\rho(r)$ 定义为

$$\rho(r) = <\Phi|\Psi^+(r)\Psi(r)|\Phi> \tag{2.1.5}$$

对于给定的 $V(r)$,能量泛函 $\varepsilon(\rho)$ 定义为

$$\varepsilon(\rho) \equiv \int dr V(r)\rho(r) + <\varphi|T+U|\varphi> \tag{2.1.6}$$

令与外场无关的泛函 $F[\rho]$,

$$F(\rho) \equiv <\varphi|T+U|\varphi> \tag{2.1.7}$$

它与能量泛函之间仅差一项外场的作用贡献。根据变分原理,粒子数不变时,任意态 φ' 的能量泛函 $\varepsilon_G(\varphi')$,

$$\varepsilon_G(\varphi') \equiv <\varphi'|V|\varphi'> + <\varphi'|T+U|\varphi'>$$
$$\tag{2.1.8}$$

在 φ' 取基态 φ 时取极小值。令任意态 φ' 是与 $V'(r)$ 相联系的基态,而 φ' 和 $V'(r)$ 依赖于系统的密度函数 $\rho'(r)$,那么

$\varepsilon_G(\varphi')$ 是 $\rho'(r)$ 的泛函。

$$\begin{aligned}\varepsilon_G[\varphi'] &\equiv <\varphi'|V|\varphi'> + <\varphi'|T+U|\varphi'> \\ &= \varepsilon_G[\rho'] \\ &= F[\rho'] + \int dr V'(r)\rho'(r) > \varepsilon_G[\varphi] \\ &= F[\rho] + \int dr V(r)\rho(r) = \varepsilon_G[\rho] \end{aligned} \quad (2.1.9)$$

对于所有其他 $V'(r)$ 相联系的密度函数 $\rho'(r)$ 来说，$\varepsilon_G[\rho]$ 为极小值。也就是说，如果得到了基态的态密度，那么也就确定了能量泛函的极小值。

上述泛函 $F[\rho]$ 是未知的，从中分出与无相互作用粒子相当的项：

$$F(\rho) = T[\rho] + \frac{1}{2}\iint dr dr' \frac{\rho(r)\rho(r')}{|r-r'|} + \varepsilon_{xc}[\rho]$$

$$(2.1.10)$$

上式第一项和第二项分别与无相互作用粒子模型的动能项和库仑排斥项相对应，第三项 $\varepsilon_{xc}[\rho]$ 为交换关联相互作用，代表了所有未包含在无相互作用粒子模型中的相互作用项，包含了相互作用的全部复杂性。$\varepsilon_{xc}[\rho]$ 仍然是 ρ 的泛函，这里仍然是未知项。

需要说明的是，关于密度泛函理论由于其推导过程以及大部分的应用，都是对于基态进行的，因此常常被误解为它是一个关于基态的理论，但实际情况并非如此。因为由基态的电荷密度，可以得到确定的唯一的外势，从而得到系统 Hamiltonian 量，于是可以求解系统的基态以及激发态波函数。导致这一误解的直接原因，是因为下面的 Kohn – Sham 方程，确实是只用于基态计算的。而近年来在密度泛函理论框架内，已经发展了多种方法用于激发态的计算。[3]

Hohenberg – Kohn 定理说明粒子数密度函数是确定多粒子系统基态物理性质的基本变量，以及能量泛函对粒子数密度函数的变分是确定系统基态的途径。但仍有三个问题没有解决：一是如何确定粒子数密度 $\rho(r)$；二是如何确定动能泛函 $T[\rho]$；三是如何确定交换关联能泛函 $\varepsilon_{xc}[\rho]$。

第一和第二个问题由 W. Kohn 和 L. J. Sham（沈吕九）提出的方法解决，并由此得到 Kohn – Sham 方程[4]。第三个问题一般通过采用各种各样的交换关联泛函形式得到。

2.2　Kohn – Sham 方程

根据 Hohenberg – Kohn 定理，基态能量和基态粒子数密度函数为

$$\int dr \delta\rho(r) \left[\frac{\delta T[\rho(r)]}{\delta\rho(r)} + V(r) + \int dr' \frac{\rho(r')}{|r - r'|} + \frac{\delta\varepsilon_{xc}[\rho(r)]}{\delta\rho(r)} \right] = 0$$

(2.2.1)

考虑到 $\int dr \delta\rho(r) = 0$，有

$$\frac{\delta T[\rho(r)]}{\delta\rho(r)} + V(r) + \int dr' \frac{\rho(r')}{|r - r'|} + \frac{\delta\varepsilon_{xc}[\rho(r)]}{\delta\rho(r)} = \mu$$

(2.2.2)

这里 μ 为化学势。如果上式表示粒子在一有效势场中的形式，只需

$$V_{eff}(r) = V(r) + \int dr' \frac{\rho(r')}{|r - r'|} + \frac{\delta\varepsilon_{xc}[\rho(r)]}{\delta\rho(r)} \quad (2.2.3)$$

而 $T[\rho]$ 仍是未知项。

假定动能泛函 $T[\rho]$ 可用一个已知的无相互作用粒子的动能泛函 $T_s[\rho]$ 来代替，它具有与有相互作用的系统同样的密度数函数。这总是可以的，只需把 T 和 T_s 中无法转化的复杂部分归入

$\varepsilon_{xc}[\rho]$,而 $\varepsilon_{xc}[\rho]$ 仍是未知的。

用 N 个单粒子波函数 $\psi_i(r)$ 构成密度函数:

$$\rho(r) = \sum_{i=1}^{N} |\psi(r)_i|^2 \qquad (2.2.4)$$

则

$$T_s(\rho) = \sum_{i=1}^{N} \int dr \psi_i^*(r)(-\nabla^2)\psi_i(r) \qquad (2.2.5)$$

对 ρ 的变分可用对 $\psi_i(r)$ 的变分来代替,拉格朗日因子用 E_i 来代替,有

$$\delta\left\{\varepsilon[\rho(r)] - \sum_{i=1}^{N} E_i\left[\int dr \psi_i^*(r)\psi_i(r) - 1\right]\right\}/\delta\psi_i(r) = 0 \qquad (2.2.6)$$

得到

$$\{-\nabla^2 + V_{KS}[\rho(r)]\}\psi_i(r) = E_i\psi_i(r) \qquad (2.2.7)$$

这里

$$V_{KS} = V(r) + V_{Coul}[\rho(r)] + V_{xc}[\rho(r)]$$
$$= V(r) + \int dr' \frac{\rho(r')}{|r-r'|} + \frac{\delta E_{xc}[\rho(r)]}{\delta\rho(r)} \qquad (2.2.8)$$

从而得到了与哈特利—福克方程相似的单电子方程,上式右边第一项为核吸引势,第二项为电子间的 Coulomb 势,第三项是交换相关势。显然 V_{KS} 依赖于 $\rho(r)$,式(2.2.4)、(2.2.7)、(2.2.8)需要用自洽方法解。首先设定一个初始猜测的 $\rho(r)$,根据式(2.2.8)建立 V_{KS}。然后从式(2.2.7)解出新形式的 $\rho(r)$。如此循环下去,直至自洽。

系统的总能量可以用下式得到:

$$E = \sum_{i}^{N} E_i - \frac{1}{2}\iint \frac{\rho(r)\rho(r')}{|r-r'|}drdr'$$
$$+ \varepsilon_{xc}[\rho(r)] - \int \frac{\delta\varepsilon_{xc}[\rho(r)]}{\delta\rho(r)}\rho(r)dr \qquad (2.2.9)$$

式（2.2.7）-（2.2.9）合称为 Kohn-Sham 方程。[5]

需要说明的是，从得到 Kohn-Sham 方程的过程可以明显看出，KS 本征值和 KS 轨道都只是一个辅助量，本身没有直接的物理意义。一般来说，相比于 HF 轨道，KS 轨道的占据轨道能量偏高，非占据能量偏低，给出相对较小的能隙。唯一的例外是最高占据 KS 轨道的本征值。如果我们用 $\varepsilon_N(M)$ 表示 N 电子体系的第 M 个 KS 本征值，那么可以严格证明 $\varepsilon_N(N) = -IP$ 和 $\varepsilon_{N+1}(N+1) = -EA$，其中 IP 和 EA 分别是 N 电子体系的电离能和电子亲和能。但由于目前实际使用的泛函形式的渐近行为很差，往往给出高达 5eV 的单电子能量的虚假上移，因此一般不能直接使用这一结论来计算 IP 和 EA。另一方面，KS 本征值和 KS 轨道已经是体系真实单粒子能级和波函数很好的近似，对某些合适的交换相关近似（如杂化密度泛函），基于 KS 本征值的带结构能隙可以和实验符合得很好。[3]

Kohn-Sham 方程的核心是用无相互作用粒子模型代替有相互作用粒子哈密顿量中的相应项，而将有相互作用粒子的全部复杂性归入交换关联相互作用泛函 $\varepsilon_{xc}[\rho]$ 中去从而导出单电子方程。此方程的描述是严格的，但遗憾的是 $\varepsilon_{xc}[\rho]$ 仍是未知的。[5,6]

2.3 交换关联泛函

Kohn-Sham 方程是密度泛函理论计算的基础，在 Hohenberg-Kohn-Sham 方程的框架下，多电子系统基态特性问题能在形式上转化为有效单电子问题。这种计算方案与哈特利—福克（HF）近似是相似的，其解释比 HF 近似更简单、更严密。但是 KS 方程式中能量泛函的所有未知量均被归并到交换相关项 ε_{xc} 中，只有在找到了交换

关联势能泛函 ε_{xc} 的准确的、便于表达的形式才有实际意义。因此交换相关泛函在密度泛函理论中占有重要地位。

由于交换相关项包含许多非经典项，至今仍没有十分准确的函数进行描述。一般人们把交换相关项分为两个部分，即交换部分 ε_x 和相关部分 ε_c。粗略地划分，交换是考虑到 Fermi 子的特性，即由 Pauli 不相容原理，相同自旋的电子之间的排斥作用引起的能量；而相关则是不同自旋电子之间的相关作用。此外，对于动能的近似，也被归并到交换相关项中。一般来说，交换项和相关项的比重之比大约为 9：1，即交换项起着比相关项更重要的作用。虽然交换相关泛函的准确形式还没有得到，但人们通过各种近似方法，得到了许多实用的泛函形式，包括局域密度近似泛函（Local Density Approximation，LDA）、广义梯度近似泛函（Generalized Gradient Approximation，GGA）和杂化密度泛函等等。

2.3.1 局域密度近似泛函（LDA）

由 W. Kohn 和 L. J. Sham 提出的交换关联泛函局域密度近似，是一种最简单可行的近似处理交换相关能的方法。[7] 在此近似下，交换泛函仅和局域的电荷密度有关，而与密度的变化无关。其基本想法是在局域密度近似中，可用均匀电子气密度函数 $\rho(r)$ 来得到非均匀电子气中的交换关联泛函。

如果对一变化平坦的密度函数，用一均匀电子气的交换关联密度 $\varepsilon_{xc}[\rho(r)]$ 代替非均匀电子气的交换关联能密度

$$\varepsilon_{xc}^{LDA}[\rho] = \int dr \rho(r) \varepsilon_{xc}[\rho(r)] \qquad (2.3.1)$$

则 Kohn – Sham 方程中的交换关联势近似为

$$V_{xc}^{LDA}[\rho(r)] = \frac{\delta \varepsilon_{xc}^{LDA}[\rho]}{\delta \rho} \approx \frac{d}{d\rho(r)}(\rho(r)\varepsilon_{xc}[\rho(r)])$$
(2.3.2)

从均匀电子气中的计算中得到 ε_{xc}，在被插值拟合成密度 $\rho(r)$ 的函数，进而得到交换关联势的解析形式。这种交换关联势的一般形式可用

$$V_{xc}^{LDA}(r) = f[\rho(r)]\rho^{1/3}(r) \quad (2.3.3)$$

表示，这里的函数 f 取决于所考虑的近似。将交换关联势用交换关联能密度 ε_{xc} 表示并用局域密度近似，得到

$$V_{xc}^{LDA}(\rho) = \varepsilon_{xc}(\rho) + \rho \frac{d\varepsilon_{xc}(\rho)}{d\rho} \quad (2.3.4)$$

考虑到电子的经典半径，有

$$\rho^{-1} = (4\pi/3)r_s^3 \quad (2.3.5)$$

写成 r_s 的函数就得到

$$V_{xc}^{LDA}(r_s) = \varepsilon_{xc}(r_s) - \frac{r_s}{3}\frac{d\varepsilon_{xc}(r_s)}{dr_s} \quad (2.3.6)$$

再将交换关联能分成交换和关联两部分

$$\varepsilon_{xc} = \varepsilon_x + \varepsilon_c \quad (2.3.7)$$

其中交换部分用均匀电子气的结果

$$\varepsilon_x(r_s) = \frac{3e^2}{4\pi\alpha r_s} \quad (2.3.8)$$

而交换势取为

$$V_x(r_s) = \frac{4}{3}\varepsilon_x(r_s) \quad (2.3.9)$$

对于自旋极化的情形，我们仍旧可以用类似的 LSDA 近似，其交换相关能量可以写为

$$\varepsilon_{xc}^{LDA}[\rho_\alpha, \rho_\beta] = \int dr\rho(r)\varepsilon_{xc}[\rho_\alpha(r), \rho_\beta(r)] \quad (2.3.10)$$

在局域密度近似泛函中，比较常用的是由 Slater 交换泛函和

VWN 相关泛函组合得到的 SVWN 交换相关泛函。

LDA 近似对于均匀电子气的情形严格成立。所以我们可以期望 LDA 近似对电荷密度变化不剧烈的体系有比较好的结果，即 LDA 方法比较适用于密度变化缓慢的体系（如固体）。LDA 对于自旋非极化的系统给出能量的全局最小值。对于密度变化较大的原子、分子效果不是很好。例如对于磁性材料，由于电子能量会有多个局部最小值，所以对于磁性材料 LDA 精度并不理想。此外对于结合较弱的体系，LDA 方法可能会过高地估计结合能，过大的结合力使得键长计算地较短，导致误差较大。

2.3.2 广义梯度近似泛函（GGA）

由于 LDA 是建立在理想的均匀电子气模型基础上，而实际原子和分子体系的电子密度远非均匀的，所以通常由 LDA 计算得到的原子或分子的化学性质往往不能够满足化学家的要求。要进一步提高计算精度，就需要考虑电子密度的非均匀性，这一般是通过在交换相关能泛函中引入电子密度的梯度来完成，即构造所谓 GGA 泛函。在 GGA 近似下，交换相关能 E_{xc} 是电子（自旋）密度及其梯度的泛函，通常也是将其分为交换 E_X 和相关 E_C 两个部分，分别寻找合适的泛函。

构造 GGA 交换相关泛函的方法分为两个流派。一个是以 Becke 为代表的一派，认为"一切都是合法的"，人们可以任何理由选择任何可能的泛函形式，而这种形式的好坏由实际计算来决定。通常，这类泛函的参数是由拟合大量的计算和实验数据得到的。另外一个流派以 Perdew 为代表，他们认为发展交换相关泛函必须以一定的物理规律为基础，这些规律包括标度关系、渐进行为等。基于这种理念构造的一个著名的 PBE 泛函，也是现在用得最广泛的 GGA 泛函之一。[8]

Becke 提出的 Becke1988 交换泛函（简称 B88 或 B）[9]，是对 LSDA 交换能进行校正：

$$\varepsilon_x^{B88} = \varepsilon_x^{LSD} + \Delta\varepsilon_x^{B88} = \varepsilon_x^{LSD} - \beta \int \rho^{4/3} \frac{x^2}{1 + 6\beta x \sinh^{-1} x} d^3r$$

(2.3.11)

其中利用已有的实验数据可以拟合出 β = 0.0042。这个公式的特点是采用了反双曲函数，其校正能量密度有合理的渐进行为。

Perdew 和 Wang 等人对 B88 交换泛函进行了改进，引入一些半经验参数，更精确地计算相关能，称之为 PW91 交换泛函[10,11]。

另一类无实验参数的交换泛函，以 Perdew86 交换泛函（P86）[12] 和 Perdew, Burke 和 Ernzerhof 交换泛函（PBE）[13] 为代表，它们都是包含幂函数和有理分式的泛函。

相关泛函的形式相对更加繁琐，主要有这样几种相关泛函：LYP（1988）[14]，P86，PW91，PBE 等，其中后两种是无实验参数的泛函。LYP 相关泛函是 C. Lee，W. Yang 和 R. G. Parr 三人提出的，其相关泛函的具体式为：

$$\varepsilon_c^{LYP} = -a \int \frac{\gamma(r)}{1 + d\rho^{-1/3}} \left\{ \rho + 2b\rho^{-5/3} \left[2^{2/3} C_F \rho_\alpha^{8/3} + 2^{2/3} C_F \rho_\beta^{8/3} - \rho t_w \right. \right.$$
$$\left. \left. + \frac{1}{9}(\rho_\alpha t_w^\alpha + \rho_\beta t_w^\beta) + \frac{1}{18}(\rho_\alpha \nabla^2 \rho_\alpha + \rho_\beta \nabla^2 \rho_\beta) \right] e^{-c\rho^{-1/3}} \right\} d\tau$$

(2.3.12)

其中 $\gamma(r) = 2\left[1 - \frac{\rho_\alpha^2(r) + \rho_\beta^2(r)}{\rho^2(r)}\right]$，$t_w(r) = \frac{1}{8} \cdot \frac{|\nabla\rho(r)|^2}{\rho(r)} - \frac{1}{8}\nabla^2\rho$，$C_F = \frac{3}{10}(3\pi^2)^{2/3}$，而 a = 0.04918，b = 0.132，c = 0.2533 和 d = 0.349 是拟合 He 原子得到的参数。这里其他的相关泛函就不一一介绍了。

原则上讲，我们可以使用上述交换泛函和相关泛函的任意组合形式作为交换相关泛函进行计算。但在实际计算中，往往只有某些组合是比较常用的，例如：BP86，BLYP，PW91PW91 以及局域密度近似泛函情况下的 SVWN 交换相关泛函等。总的来说，GGA 比 LDA 在能量计算方面有了较大的进步，对键长键角的计算也更加准确。而此后在 GGA 的基础上发展起来的 meta – GGA，包含了密度的更高阶梯度，以及 KS 轨道梯度或者其他一些系统特征变量。[3]

2.3.3 杂化密度泛函

Hartree – Fock 理论可以在分子尺寸提供准确的交换能处理，同时也是大的化学体系实际计算工具。但是它在描述化学键时有某些不足，而且没有相关能校正时不宜处理热化学问题。HF 方法超自洽场的校正，如 MP 多级微扰、组态相互作用等，也只能处理中小分子，对大体系不实用。HF 方法计算中性原子电离能普遍比实验测量值偏小，而 LSDA 或 GGA 方法计算值比实验值偏大。

Becke 提出能否把两种方法结合起来，使两种系统误差相互抵消，或许能够获得较为满意的结果。这就是杂化密度泛函名称的由来。简单地说，杂化密度泛函就是考虑 HF 形式的交换作用，将 HF 形式的交换泛函包含到交换相关泛函中。其一般表达式如下：

$$\varepsilon_{xc} = c_1 \varepsilon_x^{HF} + c_2 \varepsilon_{xc}^{DFA} \qquad (2.3.13)$$

其中 ε_{xc}^{DFA} 表示 LSDA 或 GGA 的交换相关泛函。如果取 $c_1 = c_2 = 1/2$，就是杂化密度泛函理论发展中最早所提出的"H + H"方法，也称"半对半（half and half）"泛函[15]。

Becke 首先将"H + H"方法应用于原子体系，计算结果

"H+H"方法优于 LSDA 方法。Becke 的这种交换相关能形式并没有得到广泛地运用,但他的这种杂化思想被用于构造著名的 B3LYP 杂化密度泛函。B3LYP 杂化密度泛函表达式为:

$$\varepsilon_{xc}^{B3LYP} = a\varepsilon_x^{slater} + (1-a)\varepsilon_x^{HF} + b\Delta\varepsilon_x^{B88} + \varepsilon_c^{VWN} + c\Delta\varepsilon_c^{non-local}$$
(2.3.14)

其中相关能部分为 $\varepsilon_c^{VWN} + c(\varepsilon_c^{LYP} - \varepsilon_c^{VWN})$。$\varepsilon_c^{LYP}$ 包含定域和非定域部分,ε_c^{VWN} 项含有过多的定域相关。ε_c^{LYP} 和 ε_c^{VWN} 的定域部分相当,($\varepsilon_c^{LYP} - \varepsilon_c^{VWN}$) 表示 LYP 的相关能扣除定域部分,为非定域部分。这里在量化软件中,关键词"B3LYP"所指定的参数一般分别为 a = 0.80, b = 0.72, c = 0.81。

B3LYP 中,3 表示三个参数,B 和 LYP 分别表示用到的交换和相关泛函是 B88 和 LYP。同样的三参数杂化泛函还有 B3P86,B3PW91 等。此外还有单参数的杂化泛函,例如 MPW1PW91,PBE1PBE 等[16]。

Gaussian 软件为各种杂化方法使用提供了一种参数可调的用户自定义型模型:

$$P_2\varepsilon_x^{HF} + P_1(P_4\varepsilon_x^{slater} + P_3\Delta\varepsilon_x^{non-local}) + P_6\varepsilon_c^{local} + P_5\Delta\varepsilon_c^{non-local}$$
(2.3.15)

其中交换由 HF 方法和 slater 的定域方法计算,非定域的交换能可以选择 B88、PW91、改进的 PW91(即 MPW)等表达式进行计算。而相关能也有多种选择,定域相关可以选择 VWN、P86 或 PW91 等,非定域相关可以选择 LYP、P86 或 PW91 等几种形式。这里共有 $P_1 \sim P_6$ 六个可调参数: P_1 和 P_2 决定交换能计算中 HF 方法与 LSDA 方法的比例,P_3 和 P_4 决定密度泛函计算交换能时定域与非定域方法的比例,而 P_5 和 P_6 则是决定相关能计算中定域与非定域的比例。另外,目前可用的局域交换泛函只有 Slater(S)泛函,它只能用作局域交换。

一般用关键词可选用配套的方法，若要自己调整参数，该公式中的六个参数值可以多种非标准选项输入到 Gaussian 程序：IOP（5/45 = mmmmnnnn）用于指定 P_1 和 P_2，通常 P_1 的值设为 0.0 或 1.0，要看是否需要使用交换泛函而定，幅度的调整由 P_3 和 P_4 控制；IOp（5/46）选项指定 P_3 和 P_4；IOP（5/46）指定 P_5 和 P_6。每个参数用四位数表示,, 并加入需要的零用于补位：若 P_1 取 1.0，则乘以 1000 倍并记为 1000；同样若 P_2 取 0.2，则乘以 1000 倍并记为 0200。如前所述，在 B3LYP 杂化密度泛函方法中标准的三个参数转化为 $P_1 \sim P_6$ 的值就为 $P_1 = 1.00$，$P_2 = 0.20$，$P_3 = 0.72$，$P_4 = 0.80$，$P_5 = 0.81$ 和 $P_6 = 1.00$。在计算执行路径部分，指定的泛函相当于 B3LYP 关键字：

BLYP IOP（5/45 = 10000200） IOP（5/46 = 07200800） IOP（5/47 = 08101000）

一般认为至少在能量计算方面，杂化泛函可以得到相对最好的结果。尤其是 B3LYP，对多个分子体系的测试结果表明，能量误差只稍稍大于 2kcal/mol（0.09eV）。由于其在化学计算，甚至是开壳层过渡金属化学上的适用性，B3LYP 方法迅速成为最受欢迎、使用最广泛的泛函。

2.4 计算中基函数的选择

密度泛函理论数值方法的发展最终要体现到计算程序中。Gaussian 程序是量子化学理论领域流行的计算软件，以其功能强大而闻名。其可执行程序可在不同型号的超级计算机、工作站和个人计算机上运行，并相应有不同的版本。本书的所有量化计算都是在 Gaussian 03 软件中进行的。使用 Gaussian 软件时，需要根据计算体系的性质、计算量的大小等因素采用不同的基组。使用什么样的泛函和选择多大的基组，是密度泛函计算最主要的参数。

基函数的选择对量子化学计算结果的影响很大。在模型设计正确的前提下，基函数选择得好，结果就能预测几何构型或者指出反应途径，解释实验现象；反之则很难作为讨论依据。原则上任何一组函数的完全集合都可以选为基函数。在实际计算中，用较大的基组可以较好地描述该原子或分子体系，计算较容易达到预期效果，但是较大的基组也意味着需要较大的计算空间和较长的计算时间。

常提到基函数有 Slater 型基组、Gaussian 型基组和收缩 Gaussian 型基组（包括最小基组、分裂基组、极化基组和弥散基组等）。这些都是全电子基组，即计算包含所有的电子。而赝势基组则仅包括价层轨道的电子，适合于第三周期以上的原子。由于电子数目太多，而且内层电子变化极为剧烈，因此，通常采用有效核势（ECP）的方法，将内层电子的作用用一个赝势代替。这一处理过程同时也包含了相对论修正。赝势基组包括 LANL2DZ 基组、CEP 基组和 SDD 基组。其中 SDD 基组可以用于几乎所有的元素（除了 Fr 和 Ra），但是结果的准确性不好，LANL2DZ 是其中用得最多的基组。本书的计算都是利用 LANL2DZ 基组进行的。

美国俄亥俄州超级计算机中心的 J. K. Labanowski 已经对 Gaussian 软件基组的选取做了非常全面的介绍和总结，[17] 这里就不再一一介绍了。

另外在进行量化计算时，个别情况下存在 Gaussian 软件包版本不同，计算的结果有可能不一致的情况。Gaussian 的新版本是 Gaussian 03（G03），它在上一个版本 Gaussian 98（G98）的基础上又做了许多改进。中国科学技术大学的丁迅雷博士认为 G98 和 G03 具有相同的功能，只是 G03 在以下两个地方的改进可能会使两者的计算结果不一致。(1) G03 具有更好的初始轨道猜测。G03 使用 Harris 泛函产生初始猜测。这个泛函是对 DFT 非迭代的近似，它产生的初始轨道比 G98 要好，对金属体系有明显改善。(2) G03 采用新的 SCF 收敛算法，几乎可以解决以前所有的收敛问题。根据他们的检测结果，对同一体系，G98 和 G03 在多数情况下给出相同的初始轨道对称类型和相同的收敛结果。少数情况下会产生不同的初始轨道，但经过 SCF 计算，一般都可以得到相同的收敛结果。对极少数体系，SCF 计算后得到的收敛波函数两者不一致。经过检查，在这些情况下，G98 计算得到的收敛波函数不稳定，通过波函数的稳定化继续优化波函数 (Stable = OPT)，就可以得到和 G03 一致的结果了。[3] 此外，G03 的收敛速度一般也快于 G98。

以上对密度泛函理论进行了初步的介绍。密度泛函理论是一种完全基于量子力学的从头算 (ab-initio) 理论，但是为了与其他的量子化学从头算方法区分，人们通常把基于密度泛函理论的计算叫做第一性原理 (first principles) 计算[18]。经过几十年的发展，密度泛函理论体系本身及其数值计算方法都有了很大的发展，这使得密度泛函理论被广泛地应用在物理、化学、材料和生物等学科中。[19-28]

参考文献

[1] 林梦海，量子化学计算方法与应用，北京：科学出版社，2004 年，第 116 页。

[2] P. Hohenberg and W. Kohn, Inhomogeneous Electron Gas, Phys. Rev. 136 (3B), B864 – B871 (1964).

[3] 丁迅雷，金团簇上小分子吸附的第一性原理研究，中国科学技术大学博士学位论文，2004 年。

[4] W. Kohn and L. J. Sham, Self – Consistent Equations Including Exchange and Correlation Effects, Phys. Rev. 140 (4A), A1133 – A1138 (1965).

[5] 谢希德，陆栋，固体能带理论，上海：复旦大学出版社，1998 年，第 8 – 14 页。

[6] 李正中，固体理论（第二版），北京：高等教育出版社，2002 年，第 334 – 341 页。

[7] G. L. Oliver and J. P. Perdew, Spin – density gradient expansion for the kinetic energy, Phys. Rev. A 20 (2), 397 – 403 (1979).

[8] 李震宇，贺伟，杨金龙，密度泛函理论及其数值方法新进展，化学进展，17 (2), 192 – 202 (2005).

[9] A. D. Becke, Density – functional exchange – energy approximation with correct asymptotic behavior, Phys. Rev. A 38 (6), 3098 – 3100 (1988).

[10] J. P. Perdew and Y. Wang, Accurate and simple analytic representation of the electron – gas correlation energy, Phys. Rev. B 45 (23), 13244 – 13249 (1992).

[11] J. P. Perdew, J. A. Chevary, S. H. Vosko, K. A. Jackson, M. R. Pederson, D. J. Singh, and C. Fiolhais, Atoms, molecules, solids, and surfaces: Applications of the generalized gradient approximation for exchange and correlation, Phys. Rev. B 46 (11), 6671 – 6687 (1992).

[12] J. P. Perdew, Density – functional approximation for the correlation energy of the inhomogeneous electron gas, Phys. Rev. B 33 (12), 8822 – 8824 (1986).

[13] J. P. Perdew, K. Burke, and M. Ernzerhof, Generalized Gradient Approximation Made Simple, Phys. Rev. Lett. 77 (18), 3865 – 3868 (1996).

[14] C. Lee, W. Yang, and R. G. Parr, Development of the Colle – Salvetti correlation – energy formula into a functional of the electron density, Phys. Rev. B 37 (2), 785 – 789 (1988).

[15] A. D. Becke, A new mixing of Hartree – Fock and local density – functional theories, J. Chem. Phys. 98 (2), 1372 – 1377 (1993).

[16] Gaussian 03 中文用户参考手册，第 20 – 28 页。

[17] J. K. Labanowski, Simplified introduction to ab initio basis sets. Terms and

notation. Ohio Supercomputer Center, Columbus, OH., (2001).

[18] 李震宇, 新材料物性的第一性原理研究, 中国科学技术大学博士学位论文, 2004年。

[19] H. B. Akkerman and B. de Boer, Electrical conduction through single molecules and self-assembled monolayers, J. Phys.: Condens. Matter 20 (1), 013001 (2008).

[20] T. Morita and S. Lindsay, Determination of Single Molecule Conductances of Alkanedithiols by Conducting-Atomic Force Microscopy with Large Gold Nanoparticles, J. Am. Chem. Soc. 129 (23), 7262-7263 (2007).

[21] S. Y. Quek, J. B. Neaton, M. S. Hybertsen, E. Kaxiras, and S. G. Louie, Negative Differential Resistance in Transport through Organic Molecules on Silicon, Phys. Rev. Lett. 98 (6), 066807 (2007).

[22] Ž. Crljen and G. Baranović, Unusual Conductance of Polyyne-Based Molecular Wires, Phys. Rev. Lett. 98 (11), 116801 (2007).

[23] Z. Li, I. Pobelov, B. Han, T. Wandlowski, A. Blaszczyk, and M. Mayor, Conductance of redox-active single molecular junctions: an electrochemical approach, Nanotechnology 18 (4), 044018 (2007).

[24] A.-D. Zhao, Q.-X. Li, L. Chen, H.-J. Xiang, W.-H. Wang, S. Pan, B. Wang, X.-D. Xiao, J.-L. Yang, J. G. Hou, and Q.-S. Zhu, Controlling the Kondo Effect of an Adsorbed Magnetic Ion Through Its Chemical Bonding, Science 309 (5740), 1542-1544 (2005).

[25] J.-X. Zhang, S.-M. Hou, R. Li, Z.-K. Qian, R.-S. Han, Z.-Y. Shen, X.-Y. Zhao, and Z.-Q. Xue, An accurate and efficient self-consistent approach for calculating electron transport through molecular electronic devices: including the corrections of electrodes, Nanotechnology 16 (12), 3057-3063 (2005).

[26] B. Xu and N. J. Tao, Measurement of Single-Molecule Resistance by Repeated Formation of Molecular Junctions, Science 301 (5637), 1221-1223 (2003).

[27] R. H. M. Smit, Y. Noat, C. Untiedt, N. D. Lang, M. C. van Hemert, and

J. M. van Ruitenbeek, Measurement of the conductance of a hydrogen molecule, Nature (London) 419 (6910), 906 – 909 (2002).

[28] C. Joachim, J. K. Gimzewski, and A. Aviram, Electronics using hybrid – molecular and mono – molecular devices, Nature (London) 408, 541 – 548 (2000).

第三章　分子运动方式及分子振动模式

众所周知，分子是由原子组成的，而原子又由原子核和电子构成。在分子材料中，组成分子的各个原子之间通过化学键连接在一起。然而分子中各原子核的位置并不是固定不变的，它们处于不停的运动过程中。而原子核的运动又导致了分子的平动、转动和振动。因而在不考虑分子平动的情况下，分子的运动可以分离为电子运动、振动和转动，而分子的总运动是这三种运动的组合，并且一般情况下它们的能量存在 $E_{电子} \gg E_{振动} \gg E_{转动}$ 的关系。[1]

根据简正振动模型，分子的每一振动谱带对应于一种简正振动模式。在很多情况下，简正模式所对应的分子振动是相当复杂的，它涉及分子的不同基团的各种形式的振动。在运用振动光谱方法研究分子时，人们所面临的第一个问题是如何认识和理解各个谱带所对应的分子的振动。

为此，人们运用各种理论方法，包括量子化学、半经验量子化学、简正坐标分析及分子力学计算等方法对分子进行计算研究，计算出分子的各个简正振动模式。在大多数情况下，人们以势能分布函数的形式描述分子的各种简正振动，这种方法虽然简单，但较抽象，有时使人们难以对分子的简正振动有较全面、直观和生动的认识。

实际上，在用上述各种理论计算方法研究分子的振动时，计算结果可给出各个振动模式、分子中各原子偏离平衡位置的相对振幅 X、Y、Z 三个方向上的分量。原则上讲，根据上述结果可以直观地再现分子在各个简正振动模式下的振动行为。但是，如果没有计算机的帮助，对较大的分子或复杂的振动模式而言，利用上述方法则意味着十分巨大的计算工作量，因此，上述方法长期以来并未得到人们的重视。近年来由于计算机的飞速发展和广泛普及，使得直观表示分子振动行为成为可能。本章内容是利用 Gaussion 03 和 Molekel 软件，在计算机上以动画的方式再现分子在各种振动模式下的振动行为，并简要介绍 Gaussian 软件中关于分子振动的计算过程。

3.1 分子运动的分类

分子内部运动有分子转动、分子振动和电子运动。它们的能量都是量子化的，分子的内部运动总能量为：

$$E = E_r + E_v + E_e \tag{3.1.1}$$

当分子从一个状态（能级）向另一个状态（能级）跃迁时，就会吸收或发射光子，产生分子光谱。分子光谱是对分子所发出的光或被分子吸收的光进行分光得到的光谱，它是分子内部运动的反映。

$$\Delta E = E_2 - E_1 \tag{3.1.2}$$

一般光谱用波数表示：$\tilde{\nu} = \dfrac{1}{\lambda} = \dfrac{\Delta E}{hc}$

式中 h 为普朗克常数 h = 6.626×10−34J·S。

在光谱学中常用波数的单位作为能量单位：1ev = 8065.5cm^{-1}。

对于分子而言：$\Delta E = \Delta E_r + \Delta E_v + \Delta E_e$

其中转动能级差 ΔE_r 最小，振动能级差 ΔE_v 次之，电子能级差

ΔE_e 较大。

ΔE_r：$10^{-4} \sim 0.05 \mathrm{ev}$ $\tilde{\nu}$：$0.8 \sim 400 \mathrm{cm}^{-1}$ 位于微波和远红外光区；

ΔE_v：$0.05 \sim 1 \mathrm{eV}$ $\tilde{\nu}$：$400 \sim 8000 \mathrm{cm}^{-1}$ 位于红外光区；

ΔE_e：$1 \sim 20 \mathrm{ev}$ $\tilde{\nu}$：$8 \times 10^3 \sim 1.6 \times 10^5 \mathrm{cm}^{-1}$ 位于紫外、可见光区。

只有转动能级发生跃迁时，对应的光谱称为转动光谱，在振动能级发生跃迁时，一般都伴随转动能级的跃迁，所以对应的光谱称为振动转动光谱（红外光谱）。在电子能级发生跃迁时，一般都伴随振动转动能级的跃迁，所对应的光谱称为电子光谱。故电子在两个能级之间的跃迁不再是一个确定的数值，而是多个相差很小的数值，表现出一组一组的"连续"谱带。

3.2 简谐近似

在研究分子的振动时，常常把原子看作小球，把原子间的化学键看作质量可以忽略不计的弹簧。这时，比如原子间的伸缩振动就可以近似地看成是谐振子的简谐振动。简谐近似是研究分子振动时经常应用的近似之一。

最简单的分子振动可用图3.1所示的弹簧球来表示，假设力和位移的关系符合胡克定律，即

$$F = -kx \tag{3.2.1}$$

满足这种关系的振动称为简谐振动，它的频率可由下式求出：

$$\upsilon = \frac{1}{2\pi c}\sqrt{\frac{k}{\mu}} \tag{3.2.2}$$

式中 υ 是振动的波数，单位为厘米$^{-1}$；k 是力常数，单位为达因

/厘米；μ 是原子对的约化质量（也称折合质量），单位为克；c 是光速，单位为厘米/秒[2]。其中，力常数与两原子间键能的大小有关。在有机化合物中，单键的 k 值约为 $4-6 \times 10^5$ 达因/厘米，双键的 k 值约为 $8-12 \times 10^5$ 达因/厘米，而叁键的 k 值约为 $12-18 \times 10^5$ 达因/厘米。

图 3.1　弹簧球的振动

双原子分子的约化质量可从下式计算：

$$\mu = \frac{m_1 \times m_2}{m_1 + m_2} \times \frac{1}{N} \qquad (3.2.3)$$

式中 m_1 和 m_2 分别为两个原子的原子量；N 为阿伏伽德罗常数，等于 6.023×10^{23}/摩尔。如果仅考虑孤立的双原子分子体系时，上述约化质量的公式也可以写成

$$\frac{1}{\mu} = \frac{1}{m_1} + \frac{1}{m_2} \qquad (3.2.4)$$

3.3　简正振动模式的数目

如果要描述多原子分子中各个原子核的运动，我们可以选择每个原子核 k 相对于固定坐标系的普通直角坐标 x_k, y_k, z_k。于是，如果有 N 个原子核，我们就需要 3N 个坐标来描述它们的运动，即有 3N 个自由度。但是，如果要研究这个系统的振动，则我们对于该系统作为一个整体的平动并不感兴趣，而这种平动是

可以用质心的三个坐标完全描述的（三个平动自由度）。所以 3N-3 个坐标就足以固定所有的 N 个原子核对于质心的相对位置。剩下的三个坐标，可以用质心在原点上这个条件决定，即 ($\sum m_k x_k = 0$，$\sum m_k y_k = 0$，$\sum m_k z_k = 0$）。相对于质心的运动还包括该系统的转动。单是转动，即（看作刚性的）该系统在空间中的方位，一般说来可以用三个坐标来描述（例如，和两个坐标轴的两个夹角，它们固定分子中的某个方向，以及绕该方向的转角）。这样一来，就剩下 3N-6 个坐标来描述作为整体的该系统有固定分子方位时各个原子核的相对运动，即振动，或者换句话说，有 3N-6 个振动自由度。但是，对于线形分子来说，两个坐标（例如，核间轴和两个坐标轴的两个夹角）就足以固定它的方位，所以线形分子有 3N-5 个振动自由度。在这些振动自由度中，线型分子有 N-1 种振动属于伸缩模式和 2N-4 种振动属于弯曲模式。而非线型分子有 2N-5 种弯曲振动模式和 N-1 种振动属于伸缩模式[3]。

作为一个简单的例子，我们来考察三原子分子 XYZ。如果分子不是线形的，则三个原子核的相对位置由三个核间距 XY、YZ、XZ 给出，即有 3（=3N-6）个振动自由度。如果分子是线形的，则三个原子核的相对位置取决于两个核间距 XY 与 YZ 和两个角（角 XYZ 与位置移动了的 XYZ 平面和通过未经移动的核间轴的一个固定平面的夹角），这就是说，有 4（=3N-5）个振动坐标或振动自由度。振动自由度的数目给出分子振动基频的数目，或者换句话说，给出不同的简正振动模式的数目。

大量的文献和书籍都对分子振动简正振动模式的经典形式和量子形式进行了非常详尽地描述，[4-10]这里就不再重复。本书的分子振动模式都是在 Gaussian 03 软件上进行分子优化并计算出来的。

3.4 Gaussian 程序中的振动分析

在 Gaussian 软件中关于分子振动的计算经常要问的一个问题是,为什么 Gaussian 程序计算的约化质量与利用 (3.2.4) 式计算的结果不同呢?其实,Gaussian 程序利用了一套坐标体系,该坐标体系的正则化笛卡儿坐标的偏移量是归一化的。而在一般的理论计算过程中,双原子分子体系的原子间距变化量是归一化的。[11] 具体说来,利用 Gaussian 程序计算多原子体系下,第 i 个振动模式对应的约化质量 μ_i 为:

$$\frac{1}{\mu_i} = \sum_{k=1}^{3N} \left(\frac{l_{MWCk,i}^2}{m_k} \right) \tag{3.4.1}$$

该式中 k 取遍分子体系中每个原子的 x,y 和 z 坐标,N 表示原子个数。矩阵 l_{MWC} 是在质量加权笛卡儿坐标系(MWC)中将力常数矩阵 f_{MWC} 进行对角化的转换矩阵,即

$$l_{MWC} f_{MWC} l_{MEWC} = \Lambda \tag{3.4.2}$$

这里 Λ 是本征值为 λ_i 的对角矩阵。

力常数矩阵 f_{MWC} 又称为 Hessian 矩阵,它表示在质量加权笛卡儿坐标系中势能 V 对原子位置偏移量的二阶偏导数:

$$f_{MWCk,i} = \left(\frac{\partial^2 V}{\partial q_k \partial q_i} \right)_0 \tag{3.4.3}$$

其中 $q_1 = \sqrt{m_1} \Delta x_1$,$q_2 = \sqrt{m_1} \Delta y_1$ 等等,表示质量加权笛卡尔坐标系中的位置偏移量。$(\quad)_0$ 表示导数是在原子的平衡位置求得,并且一阶偏导数为零。

从 (3.4.3) 中可以看出,只有当势能相对于位置位移偏移量的一阶偏导数能为零时,Gaussian 程序中所计算的振动模式才是正确的。也就是说用于振动分析的计算方法和基矢必须与几何

结构优化时的方法和基矢完全相同,这样才能保证振动分析中用到的势能面是分子体系几何结构完全优化的势能面。例如,在 B3LYP/6-31G 水平下所优化的几何结构,用于 HF/6-31G 水平下计算分子体系的频率是没有意义的。

在 Gaussian 程序计算的振动模式中有时会出现负频率(虚频)的情况。一般说来转动和平移模式的频率应该接近于零,但如果分子优化时为成跃迁状态或高阶鞍点状态,则在"零频"模式之前将会列出某些负的频率。输出的负频率实际上是虚数,负号仅是表示该频率为虚频。如果不是研究过渡态等反应路径问题的话,分子体系振动模式的计算应尽量避免虚频的出现。粗略说来可以结合以下两种方法消除虚频:第一种方法是对于小的虚频可以用 SCF = TIGHT 和 INT 关键词(后者是增大积分格点)进行消虚频。第二种方法是将虚频对应的坐标偏移量乘上一个系数(如0.1等)加入到原来输入的直角坐标中,通过略微改变分子构型来消去虚频。

对比式(3.4.1)和式(3.2.4)我们就可以比较两者的不同了。两者不同之处在于公式(3.4.1)中分数线上面的分子项是对转换矩阵 $l_{MWCk,i}^2$ 各个元素求和,而不是像式(3.2.4)一样对 1 求和。用转换矩阵 $l_{MWCk,i}^2$ 可以得到多原子分子体系自洽的结果,同时其计算过程也自然而然地考虑到了分子体系的对称性。而如果生硬地套用式(3.2.4)的计算方法,简单地将式(3.2.4)展开成 $\frac{1}{\mu} = \sum_{i=1}^{3N} \frac{1}{m_i}$,则多原子分子的每种振动模式所对应的约化质量没有差别,这样计算的约化质量是错误的。

另外,需要说明的是式(3.4.1)中的转换矩阵 l_{MWC} 还可以对原子的位置偏移量进行归一化,也就是说在 Gaussian 程序所采用的坐标系中,每种振动模式所对应的所有原子的位置偏移量,其平方和等于 1,该结论可以利用输出文件的数据得到验证。[11]

3.5 典型分子振动模式

亚甲基基团和苯环基团是研究分子振动的两种最典型基团。因此将这两种典型基团的分子振动模式图像表述清楚，可以帮助我们理解本书后面章节中的相关图表和内容。本节的分子优化和频率计算都是利用 Gaussian 03 程序包进行的，计算方法采用杂化的密度泛函理论（B3LYP），选 LanL2DZ 作为基矢。本书采用 molekel 画图软件对分子振动模式进行图像表示。

3.5.1 亚甲基基团振动模式

一个分子可具有 $3N-6$（$3N-5$）种简正振动。这些振动一般可分为伸缩振动和弯曲振动两类。当振动是沿着原子之间的化学键方向发生时，即键长发生变化，称为伸缩振动。当振动是和原子间的化学键方向垂直时，即键角发生变化，称为弯曲（或变形）振动[2]。

以上仅是粗略的分类，进一步考虑，伸缩振动又有对称和不对称之分，弯曲振动也具有剪式、摇摆和扭绞等模式。以亚甲基基团为例，其各种振动模式的特点如下：

对称伸缩振动：在振动中各键同时伸长或缩短。

不对称伸缩振动：在振动中当某个键伸长时，另一个则缩短。

变形（deformation）振动：又称剪式（scissors）振动，在这种弯曲振动中，基团的键角周期性地变化。

面内摇摆（rocking）振动：在这种弯曲振动中，基团的键长和键角均不发生变化，而是这个基团作为整体在基团所在的平面内左右摇摆。

面外摇摆（wagging）振动：和面内摇摆振动相似，但基团作为整体沿基团所在平面的法线方向前后摇摆。

扭绞（twisting）振动：和面内摇摆、面外摇摆振动相似，但基团作为整体围绕某些键旋转谐振，这些键是连接这个基团和剩余分子的。

同样，甲基基团也有六种振动类型，即对称伸缩振动、不对称伸缩振动、对称变形振动、不对称变形振动、摇摆振动和扭转振动。变形振动在很多书里泛称为弯曲（bending）振动。亚甲基是由二个键和分子剩余部分连接，在扭绞振动中 CH_2 绕两个键旋转，因此能量较大，在较高的频率区域出现。而甲基是由单键和分子剩余部分连接，在扭转振动中 CH_3 绕单键旋转，因此能量较小，在较低频率区域出现。

对应其他基团或分子的振动还有另外一些名称。如对苯环来说，就有呼吸（breathing）振动和折迭（puckering）振动等。

在红外光谱文献中，经常用下面的一些缩写符号来表示基团的各种振动类型：

υ：伸缩振动

δ：变形振动

γ：面外弯曲振动

β：面内弯曲振动

t：扭绞振动

τ：扭转振动

w：面外摇摆振动

r：面内摇摆振动

s：对称振动

as：不对称振动

例如 $υ_{as}$（CH_3）表示甲基的不对称伸缩振动，δs（CH_3）表示甲基的对称变形振动。

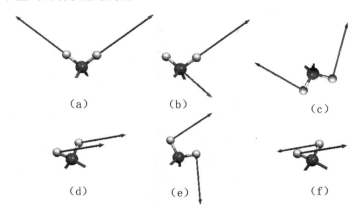

图 3.2　亚甲基基团的 6 种振动模式图像

本书优化了丙烷（C_3H_8）分子的几何结构，并从其分子振动模式中截取了亚甲基基团的振动模式图像，如图 3.2 所示。其中：

（a）对称伸缩振动〔其频率为 2853 cm^{-1}，以符号 υ_s（CH_2）表示〕；

（b）不对称伸缩振动〔其频率为 2926 cm^{-1}，以符号 υ_{as}（CH_2）表示〕；

（c）对称变形振动〔其频率为 1468 cm^{-1}，以符号 δ_s（CH_2）表示〕；

（d）面外摇摆振动〔其频率为 1305 cm^{-1}，以符号 w（CH_2）表示〕；

（e）面内摇摆振动〔其频率为 720 cm^{-1}，以符号 β（CH_2）表示〕；

（f）扭绞振动〔其频率为 1305 cm^{-1}，以符号 t（CH_2）表示〕。

3.5.2 苯分子振动模式

图 3.3 给出了苯（C_6H_6）分子的 30 种振动模式图像，图中 1、2、6a、6b 等振动模式的标记是采用 Wilson – Varsanyi 标记法[12,13]，而表 3.1 中列出了这 30 种振动模式所对应的频率（按照其频率由小到大排列）。我们采用杂化的密度泛函理论（B3LYP），选 LanL2DZ 作为基矢，对苯分子进行完全优化和频率计算，计算的 Gaussian 输入文件见本书的附录一。

Wilson – Varsanyi 标记法是一种表示苯分子及其衍生物振动模式的常用方法。Wilson 首先利用群论对称性推导出了苯分子 30 种振动模式，并对每种振动模式进行编号[12]。将苯分子（C_6H_6）所有的 C – C 键看成是等效的，并假设六个 H 原子和六个 C 原子处于同一个平面内，且都在它们最对称的位置上，Wilson 认为可利用 D_{6h} 群来描述这种理想模型。由于点群 D_{6h} 有 12 种不同的对称类型，有 20 个基频，其中 10 个是非简并的，另外 10 个是二度简并的。Wilson 按照其对称类型的不同，将苯分子的振动模式依次编号为 1 到 20 号。其中 6 至 10 号以及 16 至 20 号十种情况存在二度简并，Wilson 又用 a 和 b 加以区别。这样就出现了诸如 6a，6b 等振动模式标记符号。Varsanyi 进一步发展完善了这种标记法，并标定了 700 余种苯分子衍生物的振动光谱[13]。因此通常人们将表示苯分子及其衍生物振动模式的这种方法称为 Wilson – Varsanyi 标记法。

第三章 分子运动方式及分子振动模式

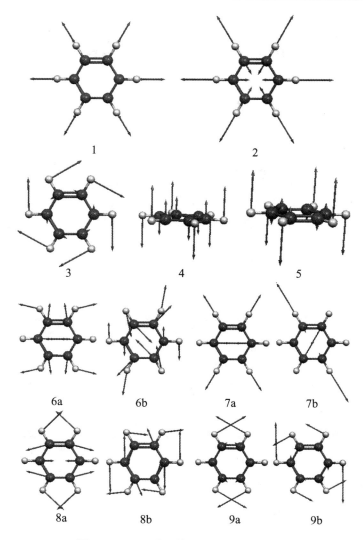

图 3.3 C_6H_6 分子的 30 种振动模式图像

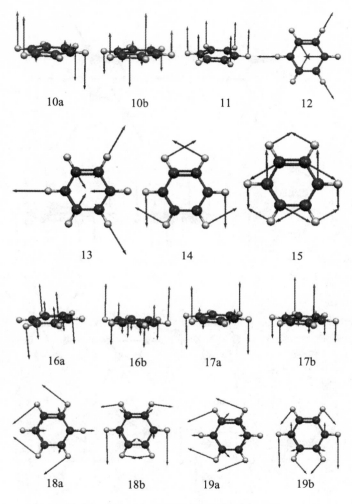

续图 3.3 C_6H_6 分子的 30 种振动模式图像

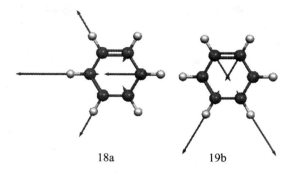

| 18a | 19b |

续图 3.3　C_6H_6 分子的 30 种振动模式图像

在苯分子 30 种振动模式中，ν（4）、ν（5）、ν（10a）、ν（10b）、ν（11）、ν（16a）、ν（16b）、ν（17a）和 ν（17b）九种振动模式属于平面外振动（即原子垂直于苯分子平面振动），其余 21 种属于平面内振动。如振动模式 ν（1）和 ν（2）为 H 原子和 C 原子平面内对称伸缩振动（该振动模式又可称为呼吸振动模式），又如 ν（18a）为 C－H 键平面内弯曲振动。在网站[14]中详细列出了苯分子 30 种振动模式所对应的 Wilson － Varsanyi 标记符号、振动频率和对称类型等，并对每种振动模式都配有相应的动画演示。

另外，本书后面章节中提到的 ν（C－S）代表的简正振动模式，主要表现为终端 S 原子与其最近邻 C 原子的平面内伸缩振动，ν（C－S）不属于 Wilson － Varsanyi 标记符号。

分子振动是分子运动的三种基本形式之一，[15]研究分子振动模式的图像表示是进一步理解相关实验和理论研究的需要。本章中我们选择了典型的两种有机分子，利用 Gaussian 03 程序包进行分子优化和频率计算，并通过 molekel 画图软件对这些分子振动模式进行分类和图像表示。

表3.1 苯分子的振动模式及对应频率

Mode	频率/cm^{-1}	Mode	频率/cm^{-1}
16a	416.5163	14	1201.7364
16b	416.9224	9a	1213.2056
6a	623.0685	9b	1213.2567
6b	623.0836	15	1374.6031
11	708.6496	3	1387.9911
4	730.9980	19b	1504.9104
10a	888.4412	19a	1505.0964
10b	890.6226	8a	1640.9918
1	1004.3618	8b	1641.3164
17a	1020.2372	13	3183.0230
17b	1021.5925	7a	3193.3340
12	1022.0501	7b	3193.4077
5	1050.5776	20b	3215.4340
18b	1060.3266	20a	3215.4495
18a	1060.5654	2	3233.4120

参考文献

[1] 王彦华, 分子振动及溶剂环境对分子材料光学性质影响的理论研究, 山东师范大学博士学位论文, 2006年, 第3页.
[2] 沈德言, 红外光谱学在高分子研究中的应用, 北京: 科学出版社, 1982年, 第1-5页.
[3] (加拿大) G. 赫兹堡著, 王鼎昌译, 分子光谱与分子结构 (第二卷),

北京：科学出版社，1986 年，第 56 - 90 页。
[4] 吴国祯，分子振动光谱学原理与研究，北京：清华大学出版社，2002年，第 43 - 60 页。
[5] （美）lra N. 赖文著，徐广智，李碧钦，张建中译，分子光谱学，北京：高等教育出版社，1985 年，第 246 - 303 页。
[6] 董庆年，红外光谱法，北京：石油化学工业出版社，1977 年，第 7 - 12 页。
[7] （美）E. B. 小威尔逊等著，胡皆汉译，分子振动：红外和拉曼振动光谱理论，北京：科学出版社，1985 年，第 12 - 35 页。
[8] D. A. Long 著，顾本源等译，喇曼光谱学，北京：科学出版社，1983年，第 50 - 144 页。
[9] （加拿大）G. 赫兹堡著，徐积仁等译，简单自由基的光谱和结构——分子光谱学导论，北京：科学出版社，1989 年，第 80 - 113 页。
[10] （美）D. C. 哈里斯，（美）M. D. 伯特卢西著，胡玉才，戴寰译，对称性与光谱学：振动和电子光谱学导论，北京：高等教育出版社，1988 年，第 66 - 154 页。
[11] http：//www. gaussian. com/g_ whitepap/vib. htm.
[12] E. B. Wilson Jr. , The Normal Modes and Frequencies of Vibration of the Regular Plane Hexagon Model of the Benzene Molecule, Phys. Rev. 45 (10), 706 - 714 (1934).
[13] G. Varsanyi, Assignments for vibrational spectra of seven hundred benzene derivatives, New York：Wiley, 1974.
[14] http：//home. arcor. de/rothw/gauss/varsanyi/molekuele/Bz/.
[15] 梁映秋，赵文运，分子振动和振动光谱，北京：北京大学出版社，1990 年，第 13 - 70 页。

第四章 分子器件弹性和非弹性电子输运理论方法

我们在研究分子电子器件电子输运特性时采用如下的物理模型：有机分子通过终端原子与两个金属电极相连。在外加电压的情况下，两个电极实际上是作为电子源，而有机分子作为桥梁。微观体系的电子输运过程本质上就是电子的跃迁和散射的过程。[1-3]假设一微观体系的结构如图4.1所示，其中 M 为有机分子，S 和 D 是两个与有机分子相连的电子源。假设电子源 S 当中有一束电子流从远处射向分子 M，经过分子 M 的作用发生散射，最后会有部分电子注入电子源 D 当中。

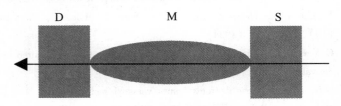

图 4.1　分子结示意图

在电子隧穿过程中，当仅考虑电子与扩展分子的分子轨道相互作用时，可以认为电子通过弹性散射过程从一端电子源散射到另一端；当进一步考虑分子振动和隧穿电子耦合时，电子隧穿过程是非弹性散射过程。利用以前我们所发展的弹性散射格林函数理论，可以进一步考虑非弹性散射对分子器件电子输运性质的

第四章 分子器件弹性和非弹性电子输运理论方法

影响。[4-12]

因此本章在讨论分子器件 IETS 理论计算方法时,依次讨论了如下四方面内容:第一节推导了自由电子气的态密度,为第二节的理论推导做了必要的准备;第二节给出计算分子器件电流的一般表达式;第三节讨论了电子弹性散射过程中输运函数的表达式,并且具体推导了多分子链情况下分子器件的输运函数;第四节的核心内容是在第二节和第三节内容的基础上,介绍了考虑分子振动情况下非弹性电子输运的理论方法。

4.1 自由电子气的态密度

我们从一维的原子结构出发,利用金属中的自由电子模型,通过求解薛定谔方程,得到其量子态特性。可以以同样的方法应用于二维和三维电子源体系。设一维体系的长度为 L,其中有 N 个可以自由运动的电子,描述电子运动的薛定谔方程为

$$\nabla^2 \psi(x) + \frac{2m}{\hbar}[E - V(x)]\psi(x) = 0 \quad (4.1.1)$$

在链的内部,令 $V(x) = 0$,方程变为

$$\nabla^2 \psi(x) + \frac{2m}{\hbar}E\psi(x) = 0 \quad (4.1.2)$$

令 $K^2 = mE/2\pi^2\hbar^2$,代入式 (4.1.2),得

$$\frac{d^2\psi(x)}{dx^2} - 4\pi^2 K^2 \psi(x) = 0 \quad (4.1.3)$$

方程的解为

$$\psi(x) = A\exp(i2\pi Kx) + B\exp(-i2\pi Kx) \quad (4.1.4)$$

利用边界条件,当 $x = 0$ 时,$\psi(x) = 0$,有 $A + B = 0$,代入上式,得

$$\psi(x) = A[\exp(i2\pi Kx) - \exp(-i2\pi Kx)] \quad (4.1.5)$$

当 $x = L$ 时，$\psi(L) = 0$，再利用周期条件，即

$$\psi(x) = \psi(x + L) \quad (4.1.6)$$

式（4.1.5）可写为

$$A[\exp(i2\pi Kx) - \exp(-i2\pi Kx)]$$
$$= A\{\exp[i2\pi K(x+L)] - \exp[-i2\pi K(x+L)]\}$$
$$(4.1.7)$$

从而有

$$\exp(i2\pi KL) = \exp(-i2\pi KL) = 1 \quad (4.1.8)$$

所以有

$$K = \frac{l}{L}, l = 0, \pm 1, \pm 2, \cdots \quad (4.1.9)$$

K 的取值只能是 0 和整数，以波矢 k 为坐标的空间称 k 空间，由于动量 $p = hk$，h 为普朗克常数，对于一维体系，动量空间也是一维的，具有确定动量 p 的量子状态，对应与动量空间的一点，条件式（4.1.9）说明，在动量空间中，量子的状态只能取一系列的点，相邻两点之间的间隔为

$$\Delta k = \frac{1}{L} \quad (4.1.10)$$

$$\Delta k = \frac{1}{L}$$

图 4.2　一维动量空间

考虑到电子可以取正负两种自旋状态，金属中电子能级的能态密度的一般表达式为：

$$n_{id}(E) = 2 \cdot \frac{V_i}{(2\pi)^i} \int \frac{dS_k}{|\nabla_k E|} \quad i = 1,2,3 \quad (4.1.11)$$

其中 $|\nabla_k E|$ 表示沿法线方向能量的改变率（能量梯度的模）。

相应的单位体积内的能态密度：

$$\rho_{id}(E) = \frac{n_i(E)}{V_i} \quad i = 1,2,3 \quad (4.1.12)$$

具体来说，在一维导体（$i = 1$）中，其态密度为

$$n_{1d}(E) = \frac{2L}{h}\sqrt{\frac{2m}{E}} \quad (4.1.13)$$

单位体积内的能态密度为

$$\rho_{1d}(E) = \frac{2}{h}\sqrt{\frac{2m}{E}} \quad (4.1.14)$$

同样，可以求得二维导体（$i = 2$）中的态密度为

$$n_{2d}(E) = \frac{mL^2}{\pi\hbar^2} \quad (4.1.15)$$

相应的单位体积内的能态密度为

$$\rho_{2d}(E) = \frac{m}{\pi\hbar^2} \quad (4.1.16)$$

在三维导体（$i = 3$）中的态密度为

$$n_{3d}(E) = \frac{mL^3}{\pi^2\hbar^3}\sqrt{2mE} \quad (4.1.17)$$

$$\rho_{3d}(E) = \frac{m}{\pi^2\hbar^3}\sqrt{2mE} \quad (4.1.18)$$

考虑到自由电子的动能为

$$E(k) = \frac{p^2}{2m} = \frac{\hbar^2 k^2}{2m} \quad (4.1.19)$$

在图 3.2 中，黑点的状态表示已被电子占据。设 N_{1d} 个电子填充后，在 0K 时，最大的动量为 p_F，$p_F = \hbar k_F$，称为费米动

量,这时,在动量空间中,凡是动量 $|p| < p_F$ 的状态都填满了电子,凡是动量 $|p| > p_F$ 的状态都是空着的。由图 3.2 可见,在动量空间中电子占据的范围是 $2k_F$,利用式(4.1.10),可知此范围总动量状态数目为

$$\frac{2k_F}{\Delta k} = 2k_F L$$

每个动量状态上可容纳两个自旋不同的电子,因而总共可容纳的电子数为 $4k_F L$,它应该等于体系的总电子数 N_{1d},即

$$4k_F L = N_{1d}$$

于是得到

$$k_F = \frac{N_{1d}}{4L} = \frac{N'_{1d}}{4} \qquad (4.1.20)$$

这里 N'_{1d} 是单位链长上的电子数,称为线密度。式(4.1.20)是一维体系决定费米波数的公式。

一维电子系统处于基态时,由于最大的动量是 p_F,因而电子的最大能量为

$$E_F = \frac{p_F^2}{2m} = \frac{\hbar^2}{2m} k_F^2 \qquad (4.1.21)$$

即费米能量。

同样,可以求得二维体系的费米动量所对应波数的公式为

$$k_F = \sqrt{\frac{N_{2d}}{2\pi L^2}} = \sqrt{\frac{N'_{2d}}{2\pi}} \qquad (4.1.22)$$

由此可见对于二维电子体系在二维动量空间中,当体系处于 0K 时电子填满半径为 k_F 的圆,圆外没有电子。

也可求得三维体系的费米动量所对应波数的公式为

$$k_F = \sqrt[3]{\frac{3N_{3d}}{8\pi L^3}} = \sqrt[3]{\frac{3N'_{3d}}{8\pi}} \qquad (4.1.23)$$

当体系处于基态时,电子填满半径为 k_F 的球,球外没有

电子。

令 $r_{is}(i=1,2,3)$ 是电子的平均半径，对于一维体系利用 (4.1.20) 和 (4.1.21) 有

$$r_{1s} = \frac{1}{N'_{1d}} = \frac{h}{4\sqrt{2mE_f}} = \frac{\pi\hbar}{2\sqrt{2mE_f}} \qquad (4.1.24)$$

对于二维体系，由于有 $\pi r_{2s}^2 = \frac{1}{N'_{2d}}$ 成立，所以，

$$r_{2s} = \frac{h}{\sqrt{2}\pi\sqrt{2mE_f}} = \frac{\hbar}{\sqrt{mE_f}} \qquad (4.1.25)$$

对于三维体系，考虑到 $\frac{4}{3}\pi r_{3s}^3 = \frac{1}{N'_{3d}}$，因此，

$$r_{3s} = \hbar\left(\frac{9\pi}{4}\right)^{\frac{1}{3}}\frac{1}{\sqrt{2mE_f}} \qquad (4.1.26)$$

4.2 分子器件电流公式

设电子的初态为 $|i>$，末态为 $|f>$，电子从 $|i>$ 到 $|f>$ 经过分子轨道的透射系数为 $|T_{fi}|^2$。根据黄金规则，单位时间内从电子源 S 到 D 的电子转移几率 ν 表示为[3]：

$$\nu = \frac{2\pi}{\hbar}\sum_{E_{x,y}}\sum_{E_z^i,E_z^f}f(E_{x,y}+E_z^i)[1-f(E_{x,y}+E_z^f)] \\ |T_{fi}(E_z^i)|^2\delta(E_z^f-E_z^i) \qquad (4.2.1)$$

其中 $f(E)$ 是费米分布函数，式中的求和是对电子源 S 到 D 中的所有态，当施加一偏压 V 时，从 S 到 D 的电流密度为：

$$j_{SD} = \frac{2\pi e}{\hbar}\sum_{E_{x,y}}\sum_{E_z^i,E_z^f}f(E_{x,y}+E_z^i-eV)[1-f(E_{x,y}+E_z^f)] \\ |T_{fi}(E_z^i,V)|^2\delta(E_z^f-E_z^i) \qquad (4.2.2)$$

在实际过程中,电子既可从 S 流向 D,也可以从 D 流向 S,同理可以写出从 D 到 S 的电流密度为:

$$j_{DS} = \frac{2\pi e}{\hbar} \sum_{E_{x,y}} \sum_{E_z^i, E_z^f} [1 - f(E_{x,y} + E_z^i - eV)] f(E_{x,y} + E_z^f)$$
$$|T_{if}(E_z^f, V)|^2 \delta(E_z^f - E_z^i) \qquad (4.2.3)$$

考虑时间反演对称性,即 $|T_{if}|^2 = |T_{fi}|^2$,总电流密度可写为:

$$j = j_{SD} - j_{DS}$$
$$= \frac{2\pi e}{\hbar} \sum_{E_{x,y}} \sum_{E_z^i, E_z^f} [f(E_{x,y} + E_z^i - eV) - f(E_{x,y} + E_z^f)]$$
$$|T_{fi}(E_z^i, V)|^2 \delta(E_z^f - E_z^i) \qquad (4.2.4)$$

在以上公式中,$E_{x,y}$ 和 E_z 代表电子源 S 和 D 分别在 xyz 方向上的能级,若电子源为有限个原子构成的可以看成点的电子源,则能级在三个方向上都是分离的,其电流可以直接由 (4.2.4) 式求得。若电子源为线电子源,如由原子线(或称量子线)构成时,则能级在一个方向上的分布是连续的,对 E 的求和需变为积分,这时 (4.2.4) 式可以简化为:

$$j^{1d} = \frac{2\pi e}{\hbar} \int_{ECB}^{\infty} [f(E - eV) - f(E)]$$
$$|T(E, V)|^2 n_{1d}^S(E) n_{1d}^D(E) dE \qquad (4.2.5)$$

若电子源为面电子源,则能级在两个方向上是连续的,如电极由金属薄膜构成,因此两个方向上的求和都需变为积分,这时 (4.2.4) 式可以表示为:

$$j^{2d} = \frac{2\pi e}{\hbar} \int_{ECB}^{\infty} \left\{ \int_0^{\infty} [f(E_x + E_z - eV) - f(E_x + E_z)] \right.$$
$$\times |T(E_z, V)|^2 \rho_{1d}(E_x) dE_x \} n_{1d}(E_z) n_{1d}(E_z) dE_z \qquad (4.2.6)$$

对于分子器件,其电子源一般为具有一定体积的金属,金属相对于分子可以看成半无限大,因此其能级在三个方向上都是连续的，所以（4.2.4）式中对 $E_{x,y}$ 和 E_z 的求和均需要变成积分。即：

$$j = \frac{2\pi e}{\hbar} \int_{eV}^{\infty} dE_z^i \int_0^{\infty} dE_z^f \int_0^{\infty} dE_{x,y}$$

$$\{[f(E_{x,y} + E_z^i - eV) - f(E_{x,y} + E_z^f)]\rho_{2d}(E_{x,y})\}$$

$$\times |T_{if}(E_z^f, V)|^2 \delta(E_z^f - E_z^i) n_{1d}^S(E_z^i) n_{1d}^D(E_z^f) \quad (4.2.7)$$

上式利用 $\delta(E_z^f - E_z^i)$ 函数的性质对 dE_z^f 积分，并去掉 E_z^i、E_z^f 的上标可得：

$$j = \frac{2\pi e}{\hbar} \int_0^{\infty} dE_z \int_0^{\infty} dE_{x,y}$$

$$\{[f(E_{x,y} + E_z - eV) - f(E_{x,y} + E_z)]\rho_{2D}(E_{x,y})\}$$

$$\times |T_{if}(E_z, V)|^2 n_{1d}^S(E_z) n_{1d}^D(E_z) \quad (4.2.8)$$

其中 $\rho_{2d}(E_{x,y}) = \frac{m}{\pi \hbar^2}$ 由式（4.1.16）给出，为电子源单位面积上的态密度。而 $n_{1d}(E_z) = \rho_{1d}(E_z)r_{3s}$ 为电子源 z 方向上的态密度，由式（4.1.13）给出。费米分布函数为

$$f(E_{x,y} + E_z - eV) = \frac{1}{e^{(E_{x,y} + E_z - eV - E_f)/k_B T} + 1} \quad (4.2.9)$$

$$f(E_{x,y} + E_z) = \frac{1}{e^{(E_{x,y} + E_z - E_f)/k_B T} + 1} \quad (4.2.10)$$

将费米分布函数和 $\rho_{2d}(E_{x,y})$ 对 $E_{x,y}$ 进行积分可得：

$$j = \frac{2r_{3s}^2 emk_B T}{\hbar^3} \int_{eV}^{\infty}$$

$$\left\{ \ln\left[1 + \exp\left(\frac{E_f - E_z + eV}{k_B T}\right)\right] - \ln\left[1 + \exp\left(\frac{E_f - E_z}{k_B T}\right)\right] \right\}$$

$$\times |T(E_z, V)|^2 \left(\frac{2\sqrt{2m}}{2\pi\hbar\sqrt{E_z}}\right)^2 dE_z \quad (4.2.11)$$

上述积分可以利用积分公式进行计算

$$\int_0^\infty \frac{x}{1+\exp\left(\frac{ax^2+b}{c}\right)} dx = \frac{c}{2a}\ln\left[1+\exp\left(\frac{-b}{c}\right)\right]$$

有了式（4.2.11）这样的三维电极情况下的总电流密度公式，我们可以求得通过分子体系的总电流为：[4]

$$I = Aj = \pi r_{3s}^2 j$$

$$= \left(\frac{9\pi}{4}\right)^{\frac{1}{3}} \frac{9ek_B T}{4\hbar E_f^2}$$

$$\int_{eV}^\infty \left\{ \ln\left[1+\exp\left(\frac{E_f - E_z + eV}{k_B T}\right)\right] - \ln\left[1+\exp\left(\frac{E_f - E_z}{k_B T}\right)\right] \right\}$$

$$\times |T(E_z, V)|^2 \frac{dE_z}{E_z} \qquad (4.2.12)$$

其中上式中 r_{3s} 是电子的平均半径，由（4.1.26）给出。微分电导可以利用下式求得，[2]

$$G = \frac{\partial I}{\partial V} \qquad (4.2.13)$$

4.3 弹性散射过程中的输运函数

在式（4.2.12）中 $T(E_z)$ 表示输运函数，其模方表示自由电子从一端电子源散射到另一端的几率。输运函数是通过给出分子扩展体系的哈密顿量，利用弹性散射格林函数方法计算得到的。[13-31]

图 4.1 所示的体系，其哈密顿量可以写成：

$$H = H_0 + U \equiv H_0^S + H_0^M + H_0^D + U \qquad (4.3.1)$$

其中 H_0^S，H_0^D，H_0^M 为电子源 S、D 和有机分子 M 的哈密顿量。U 为两个电子源和有机分子之间的相互作用，在这里忽略两电子源之间的直接相互作用。[25]

根据弹性散射格林函数理论,输运函数定义为:
$$T = U + UG^0 T = U + UGU \quad (4.3.2)$$
在上式中 G^0 和 G 是格林函数。

从电子源 S 中的 l 态到电子源 D 中 l' 态的跃迁矩阵元可以表示为:[9]
$$T_{l'l} = \langle l'|T|l\rangle = \langle l'|U|l\rangle + \langle l'|UGU|l\rangle \quad (4.3.4)$$
若不考虑两电子源的直接耦合,上式右边第一项等于0,则
$$T_{l'l} = \langle l'|UGU|l\rangle = \sum_n \sum_{k',k} \langle l'|U|k'\rangle \frac{\langle k'|n\rangle\langle n|k\rangle}{(E-E_n)+i\Gamma_n} \langle k|U|l\rangle$$
$$(4.3.5)$$

从而能量为 E 的电子从 S 到 D 的输运函数为:
$$\begin{aligned}
T(E) &= \sum_{l',l} T_{l'l} = \sum_{l',l} \sum_n \sum_{k',k} \langle l'|U|k'\rangle \frac{\langle k'|n\rangle\langle n|k\rangle}{(E-E_n)+i\Gamma_n} \langle k|U|l\rangle \\
&= \sum_n \sum_{k',k} \Big(\sum_{l'}^D \langle l'|U|k'\rangle\Big) \frac{\langle k'|n\rangle\langle n|k\rangle}{(E-E_n)+i\Gamma_n} \Big(\sum_l^S \langle k|U|l\rangle\Big) \\
&= \sum_n \sum_{k',k} \langle D|U|k'\rangle \frac{\langle k'|n\rangle\langle n|k\rangle}{(E-E_n)+i\Gamma_n} \langle k|U|S\rangle \\
&= \sum_n \sum_{k',k} V_{Dk'} \frac{\langle k'|n\rangle\langle n|k\rangle}{(E-E_n)+i\Gamma_n} V_{kS} \\
&= \sum_{k',k} V_{Dk'} V_{kS} \sum_n \frac{\langle k'|n\rangle\langle n|k\rangle}{(E-E_n)+i\Gamma_n} \\
&= \sum_{k',k} V_{Dk'} V_{kS} \sum_n g_{k'k}^n \quad (4.3.6)
\end{aligned}$$

这里我们令
$$\sum_n g_{k'k}^n = \sum_n \frac{\langle k'|n\rangle\langle n|k\rangle}{(E-E_n)+i\Gamma_n} \quad (4.3.7)$$

从而得到按照扩展体系的本征态 $|n\rangle$ 展开的 $g_{k'k}^n$。其中 E_n 是本征能量,$H|n\rangle = E_n|n\rangle$,$H$ 为扩展体系的哈密顿量。求和号中

$k(k')$ 是将体系按照原子格点展开的指标,$k(k') = 1,2,3\cdots\cdots J$,其中 1 和 J 是分子与两电子源相连的终端原子格点,交叠矩阵元 $\langle k'|n\rangle\langle n|k\rangle$ 描述能态的扩展性(离域性)。Γ_n 是能级展宽[25]。

如果扩展分子含有 M 和 N 两个有机分子组成的双链分子结构,如图 4.3 所示,则该体系的哈密顿量可以写成

$$H = H_0 + U \equiv H_0^S + H_0^M + H_0^N + H_0^D + U \quad (4.3.8)$$

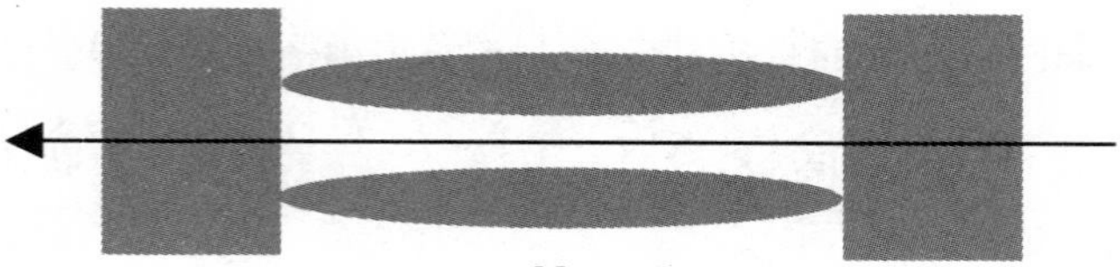

图 4.3 双链分子结示意图

这时式(4.3.5)需要改写为

$$T_{l'l} = \langle l'|UGU|l\rangle$$

$$= \langle l'|(\sum_{s'k'_1} V_{k'_1s'}|k'\rangle\langle s'| + \sum_{d'k'_1} V_{d'k'_1}|d'\rangle\langle k'_1| + \sum_{s'k'_2} V_{k'_2s'}|k'_2\rangle$$

$$\langle s'| + \sum_{d'k'_2} V_{d'k'_2}|d'\rangle\langle k'_2| + \sum_{k'_1k'_2} V_{k'_1k'_2}\ k'_2| + c.c)$$

$$G(\sum_{sk_1} V_{k_1s}|k_1\rangle\langle s| + \sum_{dk_1} V_{dk_1}|d\rangle\langle k_1| + \sum_{sk_2} V_{k_2s}|k_2\rangle$$

$$\langle s| + \sum_{dk_2} V_{dk_2}|d\rangle\langle k_2| + \sum_{k_1k_2} V_{k_1k_2}|k_1\rangle\langle k_2| + c.c)$$

$$= l'|(\sum_{d'k'_1} V_{d'k'_1}|d'\rangle\langle k'_1| + \sum_{d'k'_2} V_{d'k'_2}|d'\rangle$$

$$\langle k'_2|)G(\sum_{sk_1} V_{k_1s}|k_1\rangle\langle s| + \sum_{sk_2} V_{k_2s}|k_2\rangle\langle s|)|l$$

$$= l'|(\sum_{d'k'_1} V_{d'k'_1}|d'\rangle\langle k'_1|)G(\sum_{sk_1} V_{k_1s}|k_1\rangle\langle s|)|l$$

$$+ l'|(\sum_{d'k'_1} V_{d'k'_1}|d'\rangle\langle k'_1|)G(\sum_{sk_2} V_{k_2s}|k_2\rangle\langle s|)|l$$

$$+ l' | (\sum_{d'k'_2} V_{d'k'_2} | d') \langle k'_2 |) G (\sum_{sk_1} V_{k_1s} | k_1 \rangle \langle s |) | l \rangle$$

$$+ \langle l' | (\sum_{d'k'_2} V_{d'k'_2} | d') \langle k'_2 |) G (\sum_{sk_2} V_{k_2s} | k_2 \rangle \langle s |) | l$$

$$= \sum_{d'k'_1} \sum_{sk_1} V_{d'k'_1} V_{k_1s} \langle l' | d' \rangle \langle k'_1 | G | k_1 \rangle \langle s | l \rangle$$

$$+ \sum_{d'k'_1} \sum_{sk_2} V_{d'k'_1} V_{k_2s} \langle l' | d' \rangle \langle k'_1 | G | k_2 \rangle \langle s | l \rangle$$

$$+ \sum_{d'k'_2} \sum_{sk_1} V_{d'k'_2} V_{k_1s} \langle l' | d' \rangle \langle k'_2 | G | k_1 \rangle \langle s | l \rangle$$

$$+ \sum_{d'k'_2} \sum_{sk_2} V_{d'k'_2} V_{k_2s} \langle l' | d' \rangle \langle k'_2 | G | k_2 \rangle \langle s | l \rangle$$

只有当 $d' = l'$ 和 $s = l$ 时上式才不为 0，即

$$T_{l'l} = \sum_{k'_1 k_1} V_{l'k'_1} V_{k_1 l} \langle k'_1 | G | k_1 \rangle + \sum_{k'_1 k_2} V_{l'k'_1} V_{k_2 l} \langle k'_1 | G | k_2 \rangle$$

$$+ \sum_{k'_2 k_1} V_{l'k'_2} V_{k_1 l} \langle k'_2 | G | k_1 \rangle + \sum_{k'_2 k_2} V_{l'k'_2} V_{k_2 l} \langle k'_2 | G | k_2 \rangle$$

(4.3.9)

因此

$$T(E) = \sum_{l'l} T_{l'l}$$

$$= \sum_{l'l} \sum_{k'_1 k_1} V_{l'k'_1} V_{k_1 l} \langle k'_1 | G | k_1 \rangle$$

$$+ \sum_{l'l} \sum_{k'_1 k_2} V_{l'k'_1} V_{k_2 l} \langle k'_1 | G | k_2 \rangle$$

$$+ \sum_{l'l} \sum_{k'_2 k_1} V_{l'k'_2} V_{k_1 l} \langle k'_2 | G | k_1 \rangle$$

$$+ \sum_{l'l} \sum_{k'_2 k_2} V_{l'k'_2} V_{k_2 l} \langle k'_2 | G | k_2 \rangle$$

$$= \sum_{k'_1 k_1} (\sum_{l'} V_{l'k'_1} \sum_{l} V_{k_1 l} \langle k'_1 | G | k_1 \rangle)$$

$$+ \sum_{k'_1 k_2} (\sum_{l'} V_{l'k'_1} \sum_{l} V_{k_2 l} \langle k'_1 | G | k_2 \rangle)$$

$$+ \sum_{k'_2 k_1} \left(\sum_{l'} V_{l'k'_2} \sum_{l} V_{k_1 l} \langle k'_2 | G | k_1 \rangle \right)$$

$$+ \sum_{k'_2 k_2} \left(\sum_{l'} V_{l'k'_2} \sum_{l} V_{k_2 l} \langle k'_2 | G | k_2 \rangle \right)$$

$$= \sum_{k'_1 k_1} V_{Dk'_1} V_{k_1 S} \langle k'_1 | G | k_1 \rangle + \sum_{k'_1 k_2} V_{Dk'_1} V_{k_2 S} \langle k'_1 | G | k_2 \rangle$$

$$+ \sum_{k'_2 k_1} V_{Dk'_2} V_{k_1 S} \langle k'_2 | G | k_1 \rangle + \sum_{k'_2 k_2} V_{Dk'_2} V_{k_2 S} \langle k'_2 | G | k_2 \rangle$$

$$(4.3.10)$$

这里我们实际上是考虑了不同散射态之间的干涉效应。相应的 $|T(E)|^2$ 可以写为

$$|T(E)|^2 = \left| \sum_{l'l} T_{l'l} \right|^2$$

$$= \left| \sum_{k'_1 k_1} V_{Dk'_1} V_{k_1 S} \langle k'_1 | G | k_1 \rangle \right.$$

$$+ \sum_{k'_1 k_2} V_{Dk'_1} V_{k_2 S} \langle k'_1 | G | k_2 \rangle$$

$$+ \sum_{k'_2 k_1} V_{Dk'_2} V_{k_1 S} \langle k'_2 | G | k_1 \rangle$$

$$+ \left. \sum_{k'_2 k_2} V_{Dk'_2} V_{k_2 S} \langle k'_2 | G | k_2 \rangle \right|^2$$

$$= \left| \sum_{k'_1 k_1} V_{Dk'_1} V_{k_1 S} \sum_{n} \frac{\langle k'_1 | n \rangle \langle n | k_1 \rangle}{(E - E_n) + i \Gamma_n} \right._{(1'1)}$$

$$+ \sum_{k'_1 k_2} V_{Dk'_1} V_{k_2 S} \sum_{n} \frac{\langle k'_1 | n \rangle \langle n | k_2 \rangle}{(E - E_n) + i \Gamma_n}_{(1'2)}$$

$$+ \sum_{k'_2 k_1} V_{Dk'_2} V_{k_1 S} \sum_{n} \frac{\langle k'_2 | n \rangle \langle n | k_1 \rangle}{(E - E_n) + i \Gamma_n}_{(2'1)}$$

$$+ \left. \sum_{k'_2 k_2} V_{Dk'_2} V_{k_2 S} \sum_{n} \frac{\langle k'_2 | n \rangle \langle n | k_2 \rangle}{(E - E_n) + i \Gamma_n}_{(2'2)} \right|^2$$

第四章 分子器件弹性和非弹性电子输运理论方法

$$= \left| \sum_{k_1'k_1} V_{Dk_1'} V_{k_1S} \sum_n \frac{\langle k_1'|n\rangle \langle n|k_1\rangle}{(E-E_n)^2 + \Gamma_{n(11)}^2}(E-E_n - i\Gamma_{n(11)}) \right.$$

$$+ \sum_{k_1'k_2} V_{Dk_1'} V_{k_2S} \sum_n \frac{\langle k_1'|n\rangle \langle n|k_2\rangle}{(E-E_n)^2 + \Gamma_{n(12)}^2}(E-E_n - i\Gamma_{n(12)})$$

$$+ \sum_{k_2'k_1} V_{Dk_2'} V_{k_1S} \sum_n \frac{\langle k_2'|n\rangle \langle n|k_1\rangle}{(E-E_n)^2 + \Gamma_{n(21)}^2}(E-E_n - i\Gamma_{n(21)})$$

$$\left. + \sum_{k_2'k_2} V_{Dk_2'} V_{k_2S} \sum_n \frac{\langle k_2'|n\rangle \langle n|k_2\rangle}{(E-E_n)^2 + \Gamma_{n(22)}^2}(E-E_n - i\Gamma_{n(22)}) \right|^2$$

$$= \left| \sum_n \left[\left(\sum_{k_1'k_1} V_{Dk_1'} V_{k_1S} \frac{\langle k_1'|n\rangle \langle n|k_1\rangle}{(E-E_n)^2 + \Gamma_{n(11)}^2} \right. \right. \right.$$

$$+ \sum_{k_1'k_2} V_{Dk_1'} V_{k_2S} \frac{\langle k_1'|n\rangle \langle n|k_2\rangle}{(E-E_n)^2 + \Gamma_{n(12)}^2}$$

$$+ \sum_{k_2'k_1} V_{Dk_2'} V_{k_1S} \frac{\langle k_2'|n\rangle \langle n|k_1\rangle}{(E-E_n)^2 + \Gamma_{n(21)}^2}$$

$$\left. + \sum_{k_2'k_2} V_{Dk_2'} V_{k_2S} \frac{\langle k_2'|n\rangle \langle n|k_2\rangle}{(E-E_n)^2 + \Gamma_{n(22)}^2} \right) \cdot (E-E_n) \right]$$

$$- i \cdot \left[\sum_n \left(\sum_{k_1'k_1} V_{Dk_1'} V_{k_1S} \frac{\langle k_1'|n\rangle \langle n|k_1\rangle}{(E-E_n)^2 + \Gamma_{n(11)}^2} \Gamma_{n(11)} \right. \right.$$

$$+ \sum_{k_1'k_2} V_{Dk_1'} V_{k_2S} \frac{\langle k_1'|n\rangle \langle n|k_2\rangle}{(E-E_n)^2 + \Gamma_{n(12)}^2} \Gamma_{n(12)}$$

$$+ \sum_{k_2'k_1} V_{Dk_2'} V_{k_1S} \frac{\langle k_2'|n\rangle \langle n|k_1\rangle}{(E-E_n)^2 + \Gamma_{n(21)}^2} \Gamma_{n(21)}$$

$$\left. \left. \left. + \sum_{k_2'k_2} V_{Dk_2'} V_{k_2S} \frac{\langle k_2'|n\rangle \langle n|k_2\rangle}{(E-E_n)^2 + \Gamma_{n(22)}^2} \Gamma_{n(22)} \right) \right] \right|^2$$

$$= \left[\sum_n \left(\sum_{k_1'k_1} V_{Dk_1'} V_{k_1S} \frac{\langle k_1'|n\rangle \langle n|k_1\rangle}{(E-E_n)^2 + \Gamma_{n(11)}^2} \right. \right.$$

$$+ \sum_{k_1'k_2} V_{Dk_1'} V_{k_2S} \frac{\langle k_1'|n\rangle \langle n|k_2\rangle}{(E-E_n)^2 + \Gamma_{n(12)}^2}$$

$$+ \sum_{k_2'k_1} V_{Dk_2'} V_{k_1S} \frac{\langle k_2'|n\rangle \langle n|k_1\rangle}{(E-E_n)^2 + \Gamma_{n(21)}^2}$$

$$+ \sum_{k_2'k_2} V_{Dk_2'} V_{k_2S} \frac{\langle k_2'|n\rangle \langle n|k_2\rangle}{(E-E_n)^2 + \Gamma_{n(22)}^2} \bigg) \cdot (E-E_n) \bigg]^2$$

$$+ \bigg[\sum_n \bigg(\sum_{k_1'k_1} V_{Dk_1'} V_{k_1S} \frac{\langle k_1'|n\rangle \langle n|k_1\rangle}{(E-E_n)^2 + \Gamma_{n(11)}^2} \Gamma_{n(11)}$$

$$+ \sum_{k_1'k_2} V_{Dk_1'} V_{k_2S} \frac{\langle k_1'|n\rangle \langle n|k_2\rangle}{(E-E_n)^2 + \Gamma_{n(12)}^2} \Gamma_{n(12)}$$

$$+ \sum_{k_2'k_1} V_{Dk_2'} V_{k_1S} \frac{\langle k_2'|n\rangle \langle n|k_1\rangle}{(E-E_n)^2 + \Gamma_{n(21)}^2} \Gamma_{n(21)}$$

$$+ \sum_{k_2'k_2} V_{Dk_2'} V_{k_2S} \frac{\langle k_2'|n\rangle \langle n|k_2\rangle}{(E-E_n)^2 + \Gamma_{n(22)}^2} \Gamma_{n(22)} \bigg) \bigg]^2 \quad (4.3.11)$$

上式中 $\langle k_a'|G|k_b\rangle = \sum_n \frac{\langle k_a'|n\rangle \langle n|k_b\rangle}{(E-E_n) + i\Gamma_{n(a'b)}}$ ($a,b = 1,2$) 等四个表达式均是按照扩展体系的本征态 $|n\rangle$ 展开的，如前所述。

对于具有 μ 个分子链的扩展分子体系，其哈密顿量可以继续扩展成

$$H = H_0 + U \equiv H_0^S + \sum_\mu H_0^{M_\mu} + H_0^D + U \quad (4.3.12)$$

其中 $H_0^S = \sum_s E_s^0 |s\rangle\langle s|$，$H_0^D = \sum_d E_d^0 |d\rangle\langle d|$ 和 $H_0^{M_\mu} = \sum_{m_\mu} E_{m_\mu}^0 |m_\mu\rangle\langle m_\mu|$ ($\mu = 1, 2, \ldots\ldots$) 分别为电子源 S、D 和各个有机分子的哈密顿量。

与推导双链扩展分子体系 $|T(E)|^2$ 的方法相类似，含有 μ 个分子链的体系其 $|T(E)|^2$ 可表示为

$$|T(E)|^2 = \bigg[\sum_n \sum_{a,b=1}^\mu \bigg(\sum_{k_a'k_b} V_{Dk_a'} V_{k_bS} \frac{\langle k_a'|n\rangle \langle n|k_b\rangle}{(E-E_n)^2 + \Gamma_{n(ab)}^2} \bigg) \cdot (E-E_n) \bigg]^2$$

$$+\left[\sum_{n}\sum_{a,b=1}^{\mu}\left(\sum_{k_a'k_b}V_{Dk_a'}V_{k_bS}\frac{\langle k_a'|n\rangle\langle n|k_b\rangle}{(E-E_n)^2+\Gamma_{n(ab)}^2}\Gamma_{n(ab)}\right)\right]^2 \quad (4.3.13)$$

4.4 非弹性电子隧穿谱理论方法

在弹性散射格林函数理论基础上,我们可以考虑进一步非弹性散射对分子器件电子输运性质的影响。在绝热的 Born – Oppenheimer 近似下,分子体系的哈密顿量算符可以表示为振动模式 Q 的参量,[10]

$$H(Q) = H(Q,e) + H^v(Q) \quad (4.4.1)$$

这里 $H(Q,e)$ 和 $H^v(Q)$ 分别是电子哈密顿量和振动哈密顿量。[12,21,23] 因此 Schrödinger 方程可以写为

$$[H(Q,e) + H^v(Q)]|\Psi^\eta\rangle|\Psi^v\rangle$$
$$= H(Q,e)|\Psi^\eta(Q,e)\rangle|\Psi^v(Q)\rangle + H^v(Q)|\Psi^\eta(Q,e)\rangle|\Psi^v(Q)\rangle$$
$$= \left(\varepsilon_\eta + \sum_a n_a^v\hbar\omega_a\right)|\Psi^\eta(Q,e)\rangle|\Psi^v(Q)\rangle \quad (4.4.2)$$

其中 ε_η 表示为电子哈密顿量第 η 个本征能量,ω_a 为简正振动模式 Q_a 的振动频率,n_a^v 是 $|\Psi^v(Q)\rangle$ 中简正振动模式 Q_a 的量子数。

电子波函数可以按照振动模式进行泰勒级数展开。由于 IETS 实验往往发生在电子远离共振区域(此时分子能级远离费米能级),因此这里我们采用简谐近似,即电子波函数只展开到一次项 $\partial\Psi(Q)/\partial Q_a$ 即可,其中 Q_a 表示为分子第 a 个简正振动模式。对于分子轨道能量为 ε_η 的散射通道来说,分子体系的波函数可表示为

$$|\Psi^\eta(Q,e)\rangle|\Psi^v(Q)\rangle = \left|\Psi_0^\eta\right|_{Q=0} + \sum_a \frac{\partial\Psi_0^\eta}{\partial Q_a}Q_a\Big|_{Q=0}$$
$$+ \ldots\rangle|\Psi^v(Q)\rangle \quad (4.4.3)$$

这里 $|\Psi^v(Q)\rangle$ 是振动波函数，$|\Psi_0^\eta\rangle$ 是平衡位置处分子的电子固有波函数[21]。

电子从电子源 S 散射到电子源 D 的输运函数 $T(V_D,Q)$ 表达式的推导过程与式（4.3.6）类似，这里还需要考虑分子振动散射通道对电子隧穿的贡献，

$$T(V_D,Q) = \sum_J \sum_K V_{JS}(Q) V_{DK}(Q) \sum_\eta \sum_{v',v,v''} g_{JK}^{\eta,v',v,v''}$$

(4.4.4)

这里 $g_{JK}^{\eta,v',v,v''}$ 表示分子轨道能量为 ε_η 的散射通道对电子隧穿的贡献。[6]

假设原子核在其平衡位置附近作简谐振动，并且在低温条件下（实验工作一般是在液氦环境下进行，因此实验温度一般取 4.2K），有

$$Q_a^{v'v} = \langle v'|Q_a|v\rangle = \langle 0|Q_a|1\rangle = \sqrt{\frac{\hbar}{2\omega_a}} \quad (4.4.5)$$

可以证明，表达式（4.4.4）与前一节中的公式（4.3.6）在形式上是一致的。相应的隧穿电流可以表示为两部分之和的形式：[21]

$$I = I_{el} + I_{inel} \quad (4.4.6)$$

这里，I_{el} 和 I_{inel} 分别为隧穿电流的弹性部分和非弹性部分。需要指出的是，由于输运函数在电流公式中是模方的形式，考虑到跃迁矩阵元弹性和非弹性的两部分之间的耦合很小，忽略因模方产生的交叉项，因此这里可以将总隧穿电流表达为两部分之和的形式。

由于非弹性隧穿电流对总电流贡献较小，为了能够观测到电流值的微小变化，实验上通常采用二次谐波技术进行测量。[12] 为获得与分子振动模式相对应的特征频率，IETS 通常采用隧穿电流对电压取二次微分的形式：

$$d^2I/dV^2$$

或者取其对电导的归一化形式：

$$(d^2I/dV^2)/(dI/dV)$$

本节中以上内容主要介绍了如何在弹性散射格林函数方法的基础上，进一步考虑非弹射散射过程，从而得到了 IETS 的计算公式。

参考文献

[1] C. - K. Wang, Y. Fu, and Y. Luo, A quantum chemistry approach for current - voltage characterization of molecular junctions, Phys. Chem. Chem. Phys. 3 (22), 5017 - 5023 (2001).

[2] Y. Luo, C. - K. Wang, and Y. Fu, Effects of chemical and physical modifications on the electronic transport properties of molecular junctions, J. Chem. Phys. 117 (22), 10283 - 10290 (2002).

[3] C. - K. Wang and Y. Luo, Current - voltage characteristics of single molecular junction: Dimensionality of metal contacts, J. Chem. Phys. 119 (9), 4923 - 4928 (2003).

[4] Y. Luo, C. - K. Wang, and Y. Fu, Electronic transport properties of single molecular junctions based on five - membered heteroaromatic molecules, Chem. Phys. Lett. 369 (3 - 4), 299 - 304 (2003).

[5] J. Jiang, W. Lu, and Y. Luo, Length dependence of coherent electron transportation in metal - alkanedithiol - metal and metal - alkanemonothiol - metal junctions, Chem. Phys. Lett. 400(4 - 6), 336 - 340(2004).

[6] J. Jiang, M. Kula, W. Lu, and Y. Luo, First - Principles Simulations of Inelastic Electron Tunneling Spectroscopy of Molecular Electronic Devices, Nano Lett. 5 (8), 1551 - 1555 (2005).

[7] W. Su, J. Jiang, and Y. Luo, Quantum chemical study of coherent electron transport in oligophenylene molecular junctions of different lengths, Chem. Phys. Lett. 412(4 - 6), 406 - 410(2005).

[8] W. - P. Hu, J. Jiang, H. Nakashima, Y. Luo, Y. Kashimura, K. - Q. Chen, Z. Shuai, K. Furukawa, W. Lu, Y. - Q. Liu, D. - B. Zhu, and K. Torimitsu, Electron Transport in Self - Assembled Polymer Molecular Junctions, Phys. Rev. Lett. 96(2), 027801(2006).

[9] Z. - L. Li, B. Zou, C. - K. Wang, and Y. Luo, Electronic transport properties of molecular bipyridine junctions: Effects of isomer and contact structures, Phys. Rev. B 73 (7), 075326 (2006).

[10] M. Kula, J. Jiang, and Y. Luo, Probing Molecule - Metal Bonding in Molecular Junctions by Inelastic Electron Tunneling Spectroscopy, Nano Lett. 6 (8), 1693 - 1698 (2006).

[11] W. Su, J. Jiang, W. Lu, and Y. Luo, First - Principles Study of Electrochemical Gate - Controlled Conductance in Molecular Junctions, Nano Lett. 6 (9), 2091 - 2094 (2006).

[12] J. Jiang, M. Kula, and Y. Luo, A generalized quantum chemical approach for elastic and inelastic electron transports in molecular electronics devices, J. Chem. Phys. 124 (3), 034708 (2006).

[13] J. Jiang, K. Liu, W. Lu, and Y. Luo, An elongation method for first principle simulations of electronic structures and electron transport properties of finite nanostructures, J. Chem. Phys. 124 (21), 214711 (2006); J. Chem. Phys. 125 (14), 149902 (2006).

[14] M. Kula, J. Jiang, W. Lu, and Y. Luo, Effects of hydrogen bonding on current - voltage characteristics of molecular junctions, J. Chem. Phys. 125 (19), 194703 (2006).

[15] X. - W. Yan, R. - J. Liu, Z. - L. Li, B. Zou, X. - N. Song, and C. - K. Wang, Contact configuration dependence of conductance of 1, 4 - phenylene diisocyanide molecular junction, Chem. Phys. Lett. 429 (1 - 3), 225 - 228 (2006).

[16] Z. - L. Li, B. Zou, C. - K. Wang, and Y. Luo, Effects of Electrode Distances on Geometric Structure and Electronic Transport Properties of Molecular 4, 4′ - Bipyridine Junction, Journal of Physics: Conference Series 29, 110 - 114 (2006).

[17] M. Kula and Y. Luo, Effects of intermolecular interaction on inelastic electron tunneling spectra, J. Chem. Phys. 128 (6), 064705 (2008).

[18] H. Cao, J. Jiang, J. Ma, and Y. Luo, Temperature – Dependent Statistical Behavior of Single Molecular Conductance in Aqueous Solution, J. Am. Chem. Soc. 130 (21), 6674 – 6675 (2008).

[19] Li Z L, Wang C K, Luo Y, and Xue Q K, Influence of external voltage on electronic transport properties of molecular junctions: the nonlinear transport behaviour, Chin. Phys. 14 (5), 1036 – 1040 (2005).

[20] Li Y D, Topological String in Quantum – Chromodynamical Chiral Phase Transitions, Chin. Phys. Lett. 22 (5), 1300 – 1302 (2005).

[21] Jun Jiang, PhD Thesis: A Quantum Chemical View of Molecular and Nano – Electronics, Royal Institute of Technology, Stockholm, 2007.

[22] X. N. Song, Y. Ma, C. K. Wang, and Y. Luo, Energy Landscape Inside the Cage of Neutral and Charged N@C60, Chem. Phys. Lett. 517: 199 (2011).

[23] L. L. Lin, C. – K. Wang, and Y. Luo, Inelastic Electron Tunneling Spectroscopy of Gold – benzenedithiol – Gold Junctions: Accurate Determination of Molecular Conformation, ACS Nano 5: 2257 (2011).

[24] L. L. Lin, X. N. Song, J. C. Leng, Z. L. Li, Y. Luo and C. – K. Wang, Determination of the configuration of a single molecular junction by inelastic electron tunneling spectroscopy, J. Phys. Chem. C 114: 5199 (2010).

[25] 李宗良，分子功能器件的设计与性质研究，山东师范大学博士学位论文，2007 年.

[26] 李宗良，王传奎，罗毅，薛其坤，电极维度对单分子器件伏—安特性的影响，物理学报 53 (5), 1490 – 1495 (2004).

[27] 马勇，邹斌，李宗良，王传奎，罗毅，六元杂环分子电学特性的理论研究，物理学报 55 (4), 1974 – 1978 (2006).

[28] 李英德，分子结电学特性的理论研究，物理学报 55 (6), 2997 – 3002 (2006).

[29] 李宗良，邹斌，王传奎，1,8 – 二巯基芘分子电学特性的理论研究，化学物理学报 17 (6), 697 – 702 (2004).

[30] 李英德，王传奎，电场对分子线电子结构的影响，原子与分子物理学报 20（1），11–15（2003）.

[31] 李英德，分子和金表面相互作用的 DFT 和 HF 研究之比较，原子与分子物理学报 20（3），405–408（2003）.

第五章 4,4′-联苯二硫酚分子器件电输运性质理论计算

纳米技术的发展使人们测量和操纵单分子成为可能。目前实验在测量分子结的 $I-V$ 特性时,一般采用三种方式构造电极。一是分子的两端化学吸附于金属表面,金属表面作为两个电极。二是分子的一端化学吸附于金属上,此时该金属作为一个电极,另一个电极由扫描隧道显微(STM)探针来形成。三是分子的一端化学吸附于金属上,此时该金属作为一个电极,分子的另一端化学吸附于金属团簇,然后用 STM 探针和金属团簇接触,形成另外一个电极。随着 STM 技术的发展,利用双 STM 探针作为两个电极亦可以探索分子的电学性质。

由于分子自组织生长的化学合成技术、扫描隧道显微镜操纵和测量技术的共同应用,人们制备分子器件和测量其伏安特性成为可能。特别是近十年来,如何利用分子的电学性质制备分子器件已成为分子电子学的研究热点。人们利用各种实验手段研究单分子器件、分子膜的输运性质,研究得较多的功能型分子包括由 π 键构成主体结构的共轭分子[1-30]、由 σ 键组成的饱和链烃基硫醇[31-49]、单层或多层碳纳米管[50-61]、富勒烯(Fullerene)[62-64]、大的有机分子(如 DNA 分子)[65-73]等,并且取得了许多令人鼓舞的阶段性研究成果。[74-85] 4,4′-联苯二硫酚分子(4,4′-biphenyldithiol molecule)是含有两个苯环的典型共轭分子,考虑到该分子两个苯环的扭转角对外加电场的变化比较

敏感并且有实验测量数据作比较,这里我们选用该分子器件为研究对象。

实验观测显示,4,4′-联苯二硫酚分子结具有较低的电流开通电压和明显的电导振荡特性。[74,75] Lee 等人测量了夹于两 Au 电极之间的 4,4′-联苯二硫酚分子层电子输运性质,发现该分子伏安特性的第一开启电压位于 0.25V 附近,并且电导—电压曲线关于外加电场方向呈现反对称特性。Dadosh 等人利用电化学的方法,以胶体 Au 团簇作为金属电极,观测到真正意义上的单个 4,4′-联苯二硫酚分子的电导曲线,其实验测量结果与 Lee 等人的结果略有不同。

同时,许多理论工作组对 4,4′-联苯二硫酚分子电输运性质也进行了相关的研究工作。Xue 和 Ratner 对该分子器件能态密度、电荷迁移和电势分布,以及外加电场的影响等问题进行了详细讨论。[76,77] Kim 等人对自组织生长 4,4′-联苯二硫酚分子层的生长取向以及电输运性质等问题进行了理论计算。[78] Kim 等人认为在低电压情况下,单个分子和金属电极之间的 S-Au 键相互作用对 4,4′-联苯二硫酚分子层伏安特性有较大贡献;在高电压情形下,有机分子内部结构以及分子间相互作用可以影响分子层伏安特性的大小。

然而理论计算和实验测量结果之间还存在较大差距。究其原因,主要是在多数理论计算中没有逐点考虑外加电场对分子器件的分子几何构型、电子结构的影响,从而影响了该分子电输运特性的计算。本书第四章中我们在第一性原理基础上发展了弹性散射格林函数方法,推导出有外加电压条件下计算分子器件 I-V 特性的相关公式。在此理论中我们全面考虑了扩展分子体系所有格点与 Au 原子团簇之间的相互作用,从而可以研究电场对分子器件电输运特性的影响。这套理论方法已经运用于多种分子器件电子输运性质的计算,并成功地解释了相关实验结果[79-82]。在此基础上我们提出一种新的思路,来研究电场的影响。

同时,人们也认识到分子与金属表面的相互作用是决定分子器件 $I-V$ 特性的重要因素之一。对连于两个电极之间的分子器件,电极之间距离的不同会对其电子结构以及分子与电极表面的相互作用产生很大影响。但是在目前的实验条件下,还很难保证电极处于最优化距离。因此,研究电极距离对分子器件电子输运性质的影响,对于预测和理解实验结果是非常重要的。我们从第一性原理出发,利用密度泛函的方法,讨论了电极距离对分子的几何结构和电子结构的影响。在此基础上,利用弹性散射格林函数法研究了电极距离对分子伏安性质的影响。

5.1 外加电场对分子器件几何结构的影响

4,4′-联苯二硫酚分子通过 S 原子化学吸附于 Au 表面共同组成扩展分子,如图 5.1 所示。S 原子位于三角形 Au(111) 面中心的正上方。两个金原子团簇之间的距离固定为 1.560nm,Au-Au 键长也固定为 0.288nm。首先,我们固定 Au 原子团簇的几何结构而完全放开有机分子的几何结构,分别在不同的外加电场下对扩展分子进行结构优化。由于考虑到实验中在电压变化时不会再改变两电极之间的距离,所以在此优化过程中保持两个 Au 原子团簇间距不变。需要着重指出的是,由于这种计算方法耗费较多机时,在分子器件第一性原理计算中还没有被广泛采用。

在本工作中,扩展分子体系的几何结构和电子结构利用 Gaussian 03 程序包进行优化和计算。[86] 计算方法采用杂化密度泛函理论(B3LYP),选用 LanL2DZ 作为基矢。而分子与电极之间的耦合系数以及分子结的 $I-V$ 特性曲线采用了 QCME 程序包进行计算。

图 5.1 中显示，优化后的 4,4′-联苯二硫酚分子两个苯环并不在一个平面上，两个苯环大约有 30°的扭转角，该扭转角和文献[76,83]中的数值相一致。通常人们认为在外加的正负偏压下，分子几何结构的不对称可能会导致分子器件 I – V 特性曲线的不对称。

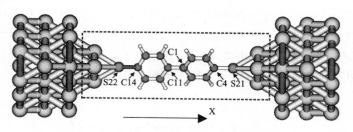

图 5.1 4,4′-联苯二硫酚扩展分子结构图

我们所施加总电场的正方向为图 5.1 中由右向左的方向，该方向与分子的轴线方向一致。在此电场的作用下分子的几何结构发生变化，特别是两个苯环之间的扭转角对外加电场比较敏感，如图 5.2 所示。计算结果显示，扭转角并没有随外加电场的增大而单调递减，而是变化幅度比较小（在 – 1.5V ~ 1.5V 变化的幅度不超过 1°），如图 5.2（a）所示。而且由于有机分子带负电荷，随着电场的增强分子沿电场的反方向有微小的移动。图 5.2（b）给出了不同电压下 S 原子和 Au 原子团簇之间距离的变化情况。在正向电场下，当电场增强时左端 S 原子与左端 Au 原子团簇的距离变长，而右端变短。当施加一反向电场时，将会表现出与此相反的性质。

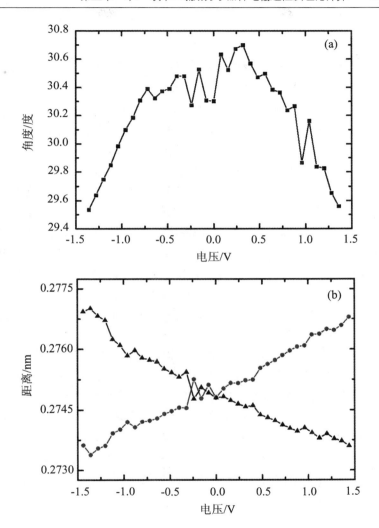

图 5.2 （a）4,4′-联苯二硫酚扩展分子扭转角随电压的变化情况；（b）左端（圆点）和右端（上三角）S 原子到相应 Au 原子团簇之间距离随电压的变化情况

5.2 外加电场对分子器件电子结构的影响

图 5.3（a）所示的是 4,4′-联苯二硫酚扩展分子的数条前线轨道随电压的变化情况。可以发现，随着电场的增加，HOMO（High Occupied Molecular Orbital）和 LUMO（Low Unoccupied Molecular Orbital）轨道之间的能隙变窄，这与以前发现在外加电场下有机分子能隙发生红移的结果是一致的。[76] 比较可以发现 LUMO、LUMO+1、LUMO+2 在无电场的情况下处于近简并状态。随电压的升高三个能级开始分裂，其中 LUMO、LUMO+1 逐步解除简并状态并下降，LUMO+2 保持上升趋势。HOMO 和 HOMO-2 随电场变化有缓慢上升趋势，而 HOMO-1 先缓慢下降后又有上升的趋势，在 0.8V 附近 HOMO-2 开始与 HOMO-1 以近简并的状态一起上升。本书利用 Gaussian 03 自洽方法计算的结果与微扰方法的结果一致。[84]

影响电子输运的另一个重要参数是金属电极和有机分子各个原子之间的耦合系数。在图 5.3（b）中，我们给出了耦合系数 Y_{1S}（左端的 S 原子和左端的 Au 原子团簇之间的耦合系数）和 Y_{DN}（右端的 S 原子和右端的 Au 原子团簇之间的耦合系数）随外加电压的变化情况。由图 5.3（b）可以看出耦合系数随着电场强度的变化呈现非线性变化趋势，而且这种变化趋势与 S 原子到 Au 平面垂直距离的变化一致：距离越大耦合系数越小，距离越小耦合系数越大。

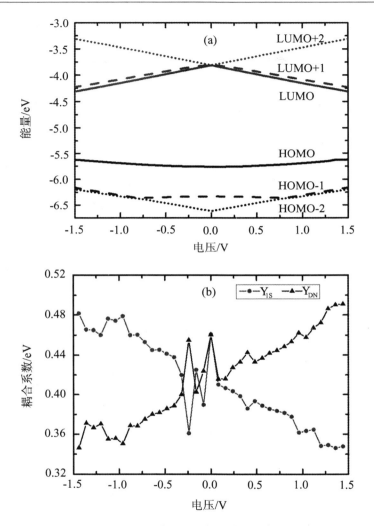

图 5.3 （a）4,4′-联苯二硫酚扩展分子六条前线轨道随电压的变化情况；（b）左端（圆点）和右端（上三角）S 原子与相应 Au 原子团簇之间耦合系数随电压的变化情况

5.3 外加电场对分子器件伏安特性的影响

考虑不同电场条件下分子几何结构进行优化，继而计算出 4,4′-联苯二硫酚分子电子输运特性，其计算结果由图 5.4（a）中给出。从图中不难发现，电场方向的改变导致非线性 I–V 曲线具有非对称性。4,4′-联苯二硫酚分子的电导值在 0.7V 开始开启，并且两个电导峰值位置分别出现在 1.04V 和 1.28V。由图 5.4（a）也可以看到在反向电压情况下两个峰值位置分别出现在 -0.88V 和 -1.04V。显然，电导的非对称性与电场的取向有关，这是由于分子的几何结构和电子结构对电场取向有不同的反应。

Lee 等人测量了自组织生长的 4,4′-联苯二硫酚分子分子器件的电流和微分电导，如图 5.4（b）所示，并估计在他们的实验中金电极之间存在 10^3 量级个分子。[74]如果假设实验中 10^3 数量级个分子之间没有相互作用，全部有机分子对电流的贡献均相同，当把我们计算的单个分子的电流和电导数值扩大 1000 倍后，理论与实验结果就能很好地符合。在图 5.4（a）中，可以在正电压下观察到两个电导峰值，这与实验电导曲线也相符合。但是在电导峰的位置上，实验测量与理论结果还不一致。实验结果显示，电导开启电压大约在 0.25V，并且两个电导峰值分别位于 0.28V 和 0.70V，明显低于理论值。可能是如下几点原因导致实验与理论结果不符：第一，分子和电极的接触形状对分子的电子结构影响很大，接触点几何结构的不同会影响 HOMO 和 LUMO 的能级间隔，进而导致电导开启位置的不同;[81]第二，两个电极之间的距离会或多或少地影响到分子轨道的位置；第三，以第一性原理描述的分子电子结构同样依赖于合适的基矢和交换相关函数的选择；第四，单层分子内部的相互作用实际上也会影响单个分子的电子结构。因此，如果要使理论结果与实验测量完全吻合，就必须综合考虑以上各个因素的影响。

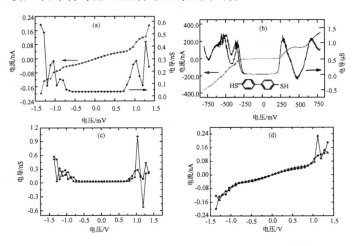

图 5.4　4,4′-联苯二硫酚分子 I-V 和 G-V 曲线

（a）4,4′-联苯二硫酚分子 I-V 和 G-V 理论计算曲线（单个分子）；（b）I-V 和 G-V 实验测量曲线（10^3 数量级个分子）[74]；（c）考虑几何结构优化（圆点）和不考虑优化（上三角）的 G-V 曲线；（d）考虑几何结构优化（圆点）和不考虑优化（上三角）的 I-V 曲线

以上逐点计算分子器件电子输运性质的最大的困难在于计算量比较大。以 4,4′-联苯二硫酚分子为例，外加电场引起的分子几何结构变化相当小。因此，就可能存在这样一种疑问：在电子输运性质研究中是否可以忽略不同电场下分子几何结构的变化？图 5.4（c）表示的是考虑几何结构优化（圆点表示）和不考虑几何结构优化（上三角表示）时逐点计算分子电导的两种情况。图中两条电导曲线在负电压区域比较相近。然而，不考虑结构优

化的曲线在 1.1V 附近有一个明显的电导峰，为考虑优化的曲线电导峰值的 3 倍。因此如果不考虑结构优化，就可能在 1.1V 附近计算出负微分电阻（Negative differenial Resistance，NDR）[85]。考虑和不考虑 4,4′-联苯二硫酚分子几何结构优化时的 I-V 曲线如图 5.4（d）所示。因此，在电场情况下考虑几何结构优化是十分重要的。

5.4 外加电场对分子器件电荷和电势分布的影响

外加电场的引入会使分子的电荷发生响应，电子结构发生变化，从而影响分子的电输运特性。当电极两端加上电压后，分子体系当中存在两种情况的电荷转移，其一是电极与分子之间电荷转移，包括电子从一电极注入分子和电子离开分子进入另一电极，这会使分子所带的净电荷发生改变，其二是电荷在分子当中重新分布。分析电荷在分子器件中的转移可以帮助我们理解 I-V 曲线的非线性特点。在有限电压下电荷在分子当中的重新分布可以通过描绘电荷转移的空间分布图表现出来。

图 5.5（a）给出了在电场强度 E = 0.667V/nm 情况下计算的 4,4′-联苯二硫酚分子体系电荷转移情况。计算中先用加电场（x 轴负方向）后分子体系电荷密度的空间分布减去无外电场分子体系电荷密度的空间分布，然后再对电荷密度差的空间分布沿 z 轴进行积分。很容易看出，电荷在分子两端以及两个苯环之间的分布变化非常明显，而在苯环内部的变化较小。

由于电极与分子之间存在势垒阻碍电子流入有机分子，电子在从源电极注入分子的过程中，在势垒的注入边发生积聚。而在外加偏压的作用下分子当中的 π 电子远离源电极端沿 x 轴的正方向流向漏电极，从而 4,4′-联苯二硫酚分子在源电极端的 S22 和 C14 原子附近产生了电子的耗散区。当 π 电子流到漏电极附近时，同样由于遇到分子与漏电极间的势垒的阻挡，在分子末端的 C4 和 S21 原子附近发生积聚，在分子与漏电极的接触点处由于电子离开分子，从漏电极流出而产生了电子的耗散区。由于 4,4′-联苯二硫酚分子两个苯环不共面，存在扭转角，不利于电子在分子内部的运动，即在两个苯环之间也存在一个阻碍电子运动的势垒，因此可以发现 π 电子在 C11 原子附近积聚而在 C1 原子附近耗散。这样电荷的重新分布在分子与电极的接触点附近产生了附加电偶极子，并进而引起非线性输运效果[81]。

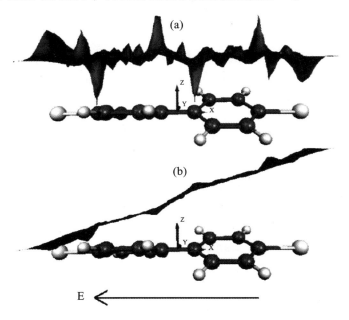

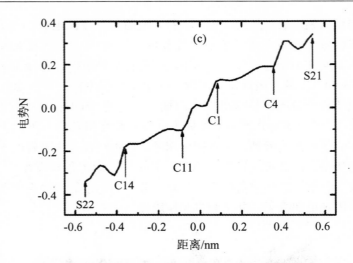

图 5.5 电场强度 E = 0.667V/nm 时 4,4′- 联苯二硫酚分子电荷和电势分布的情况：(a) xoy 平面内电荷转移；(b) 电势分布；(c) 分子轴线上的电势分布

图 5.5 (b) 和 (c) 给出了 4,4′-联苯二硫酚分子电场强度 E = 0.667V/nm 情况下电势分布情况，该结果是用分子体系在 E = 0.667V/nm 下电势分布的数值与无外加偏压下电势分布数值求差得到的。这样可以更好地分析由于外加偏压引起电势变化的分布情况。由图 5.5 (b) 可以看出在分子内部的电势降是一个非线性下降过程。具体来看，在分子轴线（两个 S 原子的连线方向）上电势下降比较快的是 S21 - C4、C1 - C11 和 C14 - S22 三个区间，分别下降了 0.15V、0.23V 和 0.16V，如图 5.5 (c) 所示。而在两个苯环内部电势下降比较慢，只有 0.07V，这说明在外电场情况下 π 电子在两个苯环内比在苯环间输运容易得多。

5.5 电极距离对分子器件几何结构的影响

单个 4,4′-联苯二硫酚分子的 S 原子与 Au 表面（111）有多种可能吸附位置：可能在正对 Au 原子的直线上（顶位 atop site），可能在 Au 表面（111）上由三个金原子组成的正三角形的中轴线上（空位 hollow site），还可能在垂直 Au 表面且平分 Au—Au 键的直线上（桥位 bridge site）。由于实验测量结果无法给出确定的吸附构型，通过理论计算我们发现 4,4′-联苯二硫酚分子在空位的吸附能相对较低，因此这里主要讨论此构型单分子结的电子输运能力。

考虑到分子与电极相互作用的局域性，我们选用三个 Au 原子组成的正三角形 Au 原子团簇与分子相连，模拟 Au（111）面与分子的相互作用。Au 与 Au 之间的距离固定为 Au 的晶格常数 0.288nm。4,4′-联苯二硫酚分子处于两 Au 原子团簇中间，其末端含有硫氢官能团，当分子与 Au 接触时，H 原子离解，而 S 原子化学吸附于 Au 表面共同组成扩展分子，如图 5.6 所示。

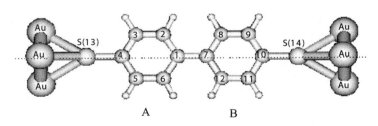

图 5.6　4,4'-联苯二硫酚分子与 Au 原子团簇组成扩展分子结构示意图

在这里选择由三个 Au 组成的 Au（111）面来模拟金表面。这是因为：首先，影响分子结构的主要是 Au 表面离 S 最近的 Au 原子，对导电起作用的主要是与自由分子有明显作用的扩展轨道。若 Au 原子团簇选得较大，不仅在计算中需要大量的机时，而且由于扩展轨道数目有限，对提高理论计算的精确性意义不大。再者，对于由有限原子构成的金属原子团簇也不能太小，太小不能很好地模拟金属团簇和分子之间的相互作用。计算表明，采用三个 Au 组成的 Au（111）面既能很好地显示分子与金表面的相互作用，又能在不影响计算精确度的情况下有效地提高计算效率，从而能够较好地计算出分子的电流和电导特性。

在以前的计算中，先找出 S 原子相对于 Au 原子团簇的平衡位置，然后确定两个电极之间的距离。[79]然而一方面，在实验中很难保证两个电极处于最优化距离，另一方面，电极与分子间的距离对分子电学性质的影响亦是一个需要研究的问题。因此在本章的计算中，将分别讨论两 Au 原子团簇所处的不同距离对分子电输运性质的影响。

为此，我们首先对自由分子的结构进行优化。由于自由分子吸附于 Au 表面时，与 S 相连的 H 原子要离解。因此在构建扩展分子时，我们先把与 S 相连的 H 原子去掉，再把 Au 原子团簇对称地加到自由分子的两端，然后对扩展分子进行结构优化。在优化时，先放开自由分子中各原子坐标和两个 Au 原子团簇之间的距离，从而得出扩展分子的平衡结构，这时体系的能量最低。接着，我们以平衡扩展分子中两个 Au 原子团簇的距离作为标准距离，分别拉近和拉远两个 Au 原子团簇，使其处于不同的距离，进一步优化扩展分子的结构。

图 5.7 是 Au 电极距离分别为 1.640nm、1.560nm、1.480nm 和 1.400nm 四种情况优化后所得到的几何结构，其中 1.560nm 是两 Au 原子团簇的平衡距离（体系处于能量最低状态时的 Au

原子团簇距离)。

对比四种情况，Au 原子团簇距离对处于轴线（两个 S 原子所在直线）上原子间的距离影响较大。S 原子和 Au 原子团簇之间的距离分别为 0.267nm、0.234nm、0.208nm 和 0.186nm，S 原子与其最近邻 C 原子的键长分别为 0.187nm、0.185nm、0.180nm 和 0.174nm。C(4)-C(10) 之间的距离分别是 0.734nm、0.723nm、0.704nm 和 0.680nm。而苯环内和苯环间的 C−C 键长则变化不大，C(3)-C(4)、C(5)-C(6) 以及 C(1)-C(7) 键长的变化已在图中标出。

另外，Au 原子团簇之间的距离对体系各键之间的夹角也有影响，特别对自由分子 π 体系键角 C(2)-C(3)-C(4) 和键角 C(3)-C(4)-C(6) 影响较大：随着 Au 原子团簇间距减小，键角 C(2)-C(3)-C(4) 分别为 121.5°、120.5°、118.9° 和 116.6°，呈减小趋势；而键角 C(3)-C(4)-C(6) 则分别为 116.6°、118.6°、121.8° 和 126.1°，呈明显增大趋势。

总之，Au 电极距离通过影响自由分子的键长和键角而影响自由分子的几何结构。

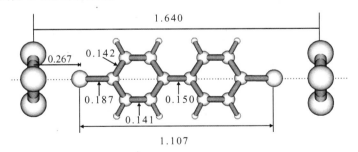

图 5.7　4 种情况下的分子几何结构（单位：**nm**）

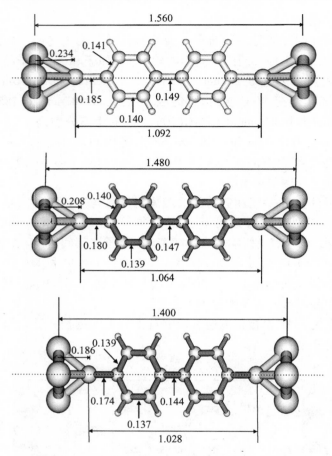

续图 5.7　4 种情况下的分子几何结构（单位：nm）

5.6 电极距离对体系电子结构的影响

图 5.8 是不断改变 Au 电极距离而得到的 LUMO 和 HOMO 能级附近 10 个能级的变化情况。

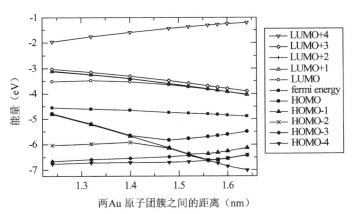

图 5.8 分子轨道能量随两 Au 原子团簇间距（d）的变化情况

由图 5.8 中看出，随着 Au 电极距离的增加，LUMO ~ LUMO + 3 等 4 个能级能量减小，LUMO + 4 能级能量增大，其中 LUMO + 1 和 LUMO + 2 能级能量接近。HOMO 各能级比 LUMO 各能级变化复杂。HOMO 和 HOMO − 1 能级先下降后上升，而 HOMO − 4 先上升后下降，HOMO − 2 和 HOMO − 3 能级则表现为先上升后下降再小幅回升。当 Au 原子团簇之间的距离小于 1.400nm 时，HOMO 与 HOMO − 1 简并，大于 1.400nm 两能级分离；而在 1.480nm 到 1.520nm 之间，HOMO − 1 又和 HOMO − 2 发生简并；在距离大于 1.520nm 时，HOMO − 2 和 HOMO − 1 分离而与 HOMO − 3 发生简并。能级之间的简并与分离表明 Au 原子团簇之间距离的变化会改变体系的对称性。另外，随着间距增加，费米能级略微下降。

表 5.1　4 种体系分子轨道、耦合常数和电荷转移的比较

电极距离（nm）	杂化轨道（条数）	耦合系数（eV）	Au 原子团簇净电荷数	S 原子净电荷数
1.640	HOMO − 6 ~ − 5, HOMO − 3 ~ LUMO + 4, LUMO + 9 ~ + 10(13)	0.245	0.147	0.011
1.560	HOMO − 7, HOMO − 5 ~ LUMO + 4 LUMO + 9 ~ + 10, LUMO + 12 ~ + 13（16）	0.308	0.049	0.096
1.480	HOMO − 6 ~ LUMO + 4, LUMO + 6 ~ + 7, LUMO + 9 ~ + 10, LUMO + 13 ~ + 14（18）	0.336	0.048	0.042
1.400	HOMO − 6 ~ LUMO + 4, LUMO + 6 ~ + 7, LUMO + 9 ~ + 10, LUMO + 13 ~ + 15（19）	0.329	0.279	− 0.373

为了理解 S 与 Au 原子团簇之间化学键的形成，我们以一种简单的方式分析了扩展分子轨道的性质，即将扩展分子的分子轨道按各原子轨道展开，将展开系数模方相加，然后计算扩展分子中 Au 原子团、S 原子、联苯部分等各子系统占总分子轨道的百分数。通过计算我们发现，对于 4 种扩展体系 LUMO ~ LUMO + 4、LUMO + 9、LUMO + 10 和 LUMO + 13 等分子轨道都具有相当强的扩展性，见表 5.1 第二列。这表明 S 原子和 Au 原子团簇之间存在着相当强的共价键作用。由于扩展轨道分布到了扩展分子的各个部分中，电子通过扩展轨道会很容易地从扩展分子的一端

运动到另一端,因此这些轨道对电子输运有很大贡献。其他轨道只局域于扩展分子的某一部分之中,对电子输运基本没有贡献。另外,对于后两种情况,LUMO+6 和 LUMO+7 也具有相当强的扩展性,由于这两条轨道的贡献,可以预计,这两扩展分子在相应偏压下会表现出与前两个扩展分子更好的电输运特性。

表 5.1 最后两列是扩展分子各部分所带的净电荷。由计算知,在间距为 1.640nm、1.560nm 和 1.480nm 体系中 Au 原子团簇和 S 原子带有较少的净电荷,这表明 Au 原子团簇和 S 原子之间主要以共价键相连;而当间距为 1.400nm 时,Au 原子团簇显示明显的正电性,而 S 原子显示为较强的负电性,这表明 S 原子和 Au 原子团簇之间除了共价键成分外,还存在离子键成分。

经过计算,图 5.9 给出了四种情况的能态密度 $\rho(E)$ 为

$$\rho(E) = \sum_i \frac{\Gamma}{2\pi[(E-E_i)^2 + (\Gamma/2)^2]}$$

其中 Γ 为能级展宽。

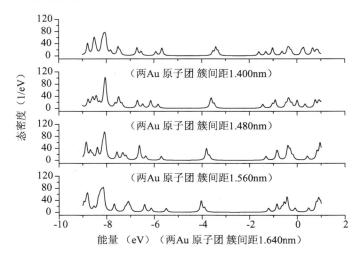

图 5.9 四种体系的能态密度比较

所谓能态密度是指单位体积单位能量间隔内的能态的个数，从图 5.9 中可以看出：在能量为 -1.0eV 和 1.0eV 附近四种情况均存在一定的能态密度，可以预计有加外电压下四种体系的电导会出现两次上升；在能量为 0.5eV 附近，金原子团簇间距为 1.400nm 的体系存在一定的能态密度，由此可以预计此体系在上面所讨论的电导两次上升的中间还会存在一次上升过程。

5.7 电极距离对体系伏安特性的影响

我们计算不同间距情况下体系电流和电导特性。图 5.10 给出外加电压为 2V 时分子电流随 Au 原子团簇之间的距离的变化情况。

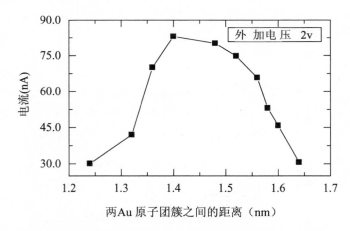

图 5.10 分子的电流随两 Au 原子团簇间距（d）的变化情况

由图 5.10 可知，尽管 Au 电极处于平衡距离时体系能量最低，但是电流值并不为最大值，而是在间距为 1.400nm 时电流值最大。这主要由于平衡距离时的耦合系数比间距为 1.400nm 时要小,如表 5.1 所示。当间距较大时,由于分子与 Au 没有充分耦合,其电流电导特性偏低;而当间距过小时,由于过于挤压分子,将会导致 S 原子和 Au 原子团簇之间共价键结合减弱,体系的导电特性降低。

5.8 分子内的扭转角对体系伏安特性的影响

在 5.5 节的计算中,我们将 4,4′-联苯二硫酚分子的两个苯环结构 A 和 B 的空间位置固定在同一个平面内,如图 5.7 所示。在实验中由于不同的实验条件,两个苯环 A 和 B 可能不是处于同一个平面内。因此苯环间的扭转对该分子电学性质的影响也是需要研究的问题。

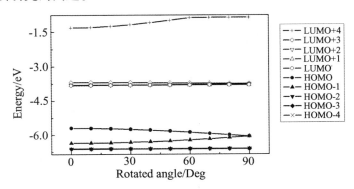

图 5.11 分子轨道能量随扭转角的变化情况

我们先对扩展分子的结构进行优化,此时两 Au 电极的距离为 1.560nm。然后以平衡扩展分子中处于同一平面的两苯环结构为初始结构,通过调整苯环 A 和 B 所在平面的扭转角 θ 的变化,计算不同情况下体系的能级结构。在此基础上利用弹性格林函数法计算并比较苯环不同位置取向时分子的伏安特性。

图 5.11 是不断改变苯环 A 和 B 所在平面的扭转角 θ 得到的 LUMO 和 HOMO 能级附近 10 个能级的变化情况。

由图 5.11 可以看出，随着扭转角 θ 的增加，LUMO ~ LUMO +3 四个能级能量基本保持不变，且能量接近，LUMO +4 能级能量增大。占据分子轨道能级比非占据分子轨道能级具有较复杂的变化。HOMO 能级下降而 HOMO −1 能级上升，其中在 θ =90 度时，HOMO 和 HOMO −1 能级发生简并，HOMO −2、HOMO −3 和 HOMO −4 能级能量基本保持不变，且能量十分接近。能级之间的简并与分离表明扭转角 θ 的变化会改变体系的对称性。另外随着 θ 增加，HOMO 与 LUMO 之间的 gap 会有所增大。

我们计算不同扭转角情况下体系电流和电导特性。图 5.12 是外加偏压为 3V 时分子电流随苯环 A 和 B 所在平面的扭转角 θ 变化情况。

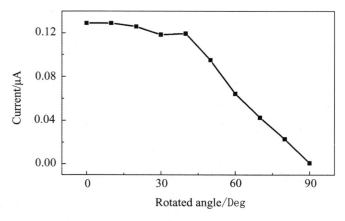

图 5.12 分子电流随扭转角的变化情况

由图 5.12 可知，扭转角 θ 由 0 度到 40 度的变化过程中，电流值缓慢降低；而由 40 度增大到 90 度过程中，体系电流值迅速下降。扭转角 θ 的增大导致分子轨道的扩展性变差，阻碍电子从两苯环之间通过，从而使电流值随扭转角 θ 的增大而减小。

图 5.13 给出扭转角 θ 分别为 0 度、30 度、60 度和 90 度体系的电导和电流随外偏压变化情况。

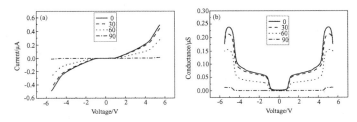

图 5.13　四种情况下分子的（a）电流和（b）电导

由图 5.13（a）中可见，对于四种扩展体系，当外加偏压低于 1V 时，均出现电流禁区。这是因为，当外加偏压很低时，还没有扩展轨道开通。当外加偏压大于 1V 而小于 4V 时，电流基本呈线性上升趋势，电压大于 4V 时，电流上升趋势加快。表现在电导图 5.13（b）上，在 1V 到 4V 间，电导出现平台特征，在 4V 到 5V 间电导迅速上升到一个较高的平台。从图 5.13（b）中我们还发现，当外加偏压大于 5.2V 时，四种扩展分子的电导均出现下降趋势，这是因为在较高偏压下，电子源的导带底被提高到高于扩展性很强的 LUMO、LUMO + 1 等一系列轨道，致使这些轨道对导电基本不起作用。即当苯环 A 和 B 所在平面的扭转角 θ 不同时，分子的能级结构有明显的改变，从而导致了分子的伏安特性有较大变化。

5.9 本章小结

在本章中我们利用弹性散射格林函数方法计算了 4,4′-联苯二硫酚分子体系的结构以及分子器件的 I-V 特性。随着电场强度和电极距离的改变，分子的几何结构都进行了优化计算。理论计算表明外加电场、电极距离以及分子内的扭转角均能影响 4,4′-联苯二硫酚分子结构、分子与 Au 电极的成键距离以及分子与电极的耦合系数等。对于该分子器件而言，不同电场情况下对分子的优化过程可以有效避免因不优化分子而得到的负微分电阻。通过对分子电势分布情况的分析发现，4,4′-联苯二硫酚分子两个苯环不共面，会对该分子器件电输运产生不利影响。考虑电极距离的影响后我们发现，分子体系的平衡状态并非电输运的最佳状态。与相关实验测量相比，我们的计算结果较好地符合实验结果。

参考文献

[1] A. Danilov, S. Kubatkin, S. Kafanov, P. Hedegard, N. Stuhr-Hansen, K. Moth-Poulsen, and T. Bjrnholm, Electronic Transport in Single Molecule Junctions: Control of the Molecule-Electrode Coupling through Intramolecular Tunneling Barriers, Nano Lett. 8 (1), 1-5 (2008).

[2] N. Jlidatb, M. Hliwaa, and C. Joachima, A semi-classical XOR logic gate integrated in a single molecule, Chem. Phys. Lett. 451 (4-6), 270-275 (2008).

[3] R. C. Hoft, M. J. Ford, V. M. García-Suárez, C. J. Lambert, and M. B. Cortie, The effect of stretching thiyl- and ethynyl-Au molecular junctions, J. Phys.: Condens. Matter 20 (2), 025207 (2008).

[4] K Stokbro, First - principles modeling of electron transport, J. Phys. : Condens. Matter 20 (6), 064216 (2008).

[5] A. Bannani, C. Bobisch, and R. Möller, Ballistic Electron Microscopy of Individual Molecules, Science 315 (5820), 1824 - 1828 (2007).

[6] J. E. Green, J. W. Choi, A. Boukai, Y. Bunimovich, E. Johnston - Halperin, E. DeIonno, Y. Luo, B. A. Sheriff, K. Xu, Y. S. Shin, H. - R. Tseng, J. F. Stoddart, and J. R. Heath, A 160 - kilobit molecular electronic memory patterned at 1011 bits per square centimeter, Nature (London) 445 (7126), 414 - 417 (2007).

[7] M. del Valle, R. Gutiérrez, C. Tejedor, and G. Cuniberti, Tuning the conductance of a molecular switch, Nature Nanotechnology 2 (3), 176 - 179 (2007).

[8] A. C. Whalley, M. L. Steigerwald, X. Guo, and C. Nuckolls, Reversible Switching in Molecular Electronic Devices, J. Am. Chem. Soc. 129 (42), 12590 - 12591 (2007).

[9] S. Yeganeh, M. Galperin, and M. A. Ratner, Switching in Molecular Transport Junctions: Polarization Response, J. Am. Chem. Soc. 129 (43), 13313 - 13320 (2007).

[10] Z. Wang, C. Kim, A. Facchetti, and T. J. Marks, Anthracenedicarboximides as Air - Stable N - Channel Semiconductors for Thin - Film Transistors with Remarkable Current On - Off Ratios, J. Am. Chem. Soc. 129 (44), 13362 - 13363 (2007).

[11] E. Lörtscher, H. B. Weber, and H. Riel, Statistical Approach to Investigating Transport through Single Molecules, Phys. Rev. Lett. 98 (17), 176807 (2007).

[12] C. W. Bauschlicher, Jr. and J. W. Lawson, Current - voltage curves for molecular junctions: Effect of substitutients, Phys. Rev. B 75 (11), 115406 (2007).

[13] K. Gao, X. Liu, D. Liu, and S. Xie, Charge carrier generation through reexcitations of an exciton in poly (p - phenylene vinylene) molecules, Phys. Rev. B 75 (20), 205412 (2007).

[14] L. A. Agapito, E. J. Bautista, and J. M. Seminario, Conductance model of gold - molecule - silicon and carbon nanotube - molecule - silicon junctions, Phys. Rev. B 76 (11), 115316 (2007).

[15] C. Morari, G. - M. Rignanese, and S. Melinte, Electronic properties of 1 - 4, dicyanobenzene and 1 - 4, phenylene diisocyanide molecules contacted between Pt and Pd electrodes: First - principles study, Phys. Rev. B 76 (11), 115428 (2007).

[16] R. C. Hoft, N. Armstrong, M. J. Ford and M. B. Cortie, Ab initio and empirical studies on the asymmetry of molecular current - voltage characteristics, J. Phys. : Condens. Matter 19 (21), 215206 (2007).

[17] G. Romano, A. Pecchia and A. Di Carlo, Coupling of molecular vibrons with contact phonon reservoirs, J. Phys. : Condens. Matter 19 (21), 215207 (2007).

[18] L. Venkataraman, J. E. Klare, C. Nuckolls, M. S. Hybertsen, and M. L. Steigerwald, Dependence of single - molecule junction conductance on molecular conformation, Nature (London) 442 (7105), 904 - 907 (2006).

[19] N. J. Tao, Electron transport in molecular junctions, Nature Nanotechnology 1 (3), 173 - 181 (2006).

[20] W. Chen, L. Wang, C. Huang, T. T. Lin, X. Y. Gao, K. P. Loh, Z. K. Chen, and A. T. S. Wee, Effect of Functional Group (Fluorine) of Aromatic Thiols on Electron Transfer at the Molecule - Metal Interface, J. Am. Chem. Soc. 128 (3), 935 - 939 (2006).

[21] B. S. Kim, J. M. Beebe, Y. Jun, X. - Y. Zhu, and C. D. Frisbie, Correlation between HOMO Alignment and Contact Resistance in Molecular Junctions: Aromatic Thiols versus Aromatic Isocyanides, J. Am. Chem. Soc. 128 (15), 4970 - 4971 (2006).

[22] R. B. Pontes, F. D. Novaes, A. Fazzio, and A. J. R. da Silva, Adsorption of Benzene - 1, 4 - dithiol on the Au (111) Surface and Its Possible Role in Molecular Conductance, J. Am. Chem. Soc. 128 (28), 8996 - 8997 (2006).

[23] D. S. Seferos, A. S. Blum, J. G. Kushmerick, and G. C. Bazan, Single – Molecule Charge – Transport Measurements that Reveal Technique – Dependent Perturbations, J. Am. Chem. Soc. 128 (34), 11260 – 11267 (2006).

[24] J. He, Q. Fu, S. Lindsay, J. W. Ciszek, and J. M. Tour, Electrochemical Origin of Voltage – Controlled Molecular Conductance Switching, J. Am. Chem. Soc. 128 (46), 14828 – 14835 (2006).

[25] M. Taniguchi, Y. Nojima, K. Yokota, J. Terao, K. Sato, N. Kambe, and T. Kawai, Self – Organized Interconnect Method for Molecular Devices, J. Am. Chem. Soc. 128 (47), 15062 – 15063 (2006).

[26] G. Heimel, L. Romaner, J. – L. Brédas, and E. Zojer, Interface Energetics and Level Alignment at Covalent Metal – Molecule Junctions: π – Conjugated Thiols on Gold, Phys. Rev. Lett. 96 (19), 196806 (2006).

[27] J. M. Beebe, B. S. Kim, J. W. Gadzuk, C. D. Frisbie, and J. G. Kushmerick, Transition from Direct Tunneling to Field Emission in Metal – Molecule – Metal Junctions, Phys. Rev. Lett. 97 (2), 026801 (2006).

[28] W. Ji, Z. – Y. Lu, and H. Gao, Electron Core – Hole Interaction and Its Induced Ionic Structural Relaxation in Molecular Systems under X – Ray Irradiation, Phys. Rev. Lett. 97 (24), 246101 (2006).

[29] J. Kröger, N. Néel, H. Jensen, R. Berndt, R. Rurali, and N. Lorente, Molecules on vicinal Au surfaces studied by scanning tunnelling microscopy, J. Phys. : Condens. Matter 18 (13) S51 – S66 (2006).

[30] P. G. Piva, G. A. DiLabio, J. L. Pitters, J. Zikovsky, M. Rezeq, S. Dogel, W. A. Hofer, and R. A. Wolkow, Field regulation of single – molecule conductivity by a charged surface atom, Nature (London) 435, 658 – 661 (2005).

[31] H. B. Akkerman and B. de Boer, Electrical conduction through single molecules and self – assembled monolayers, J. Phys. : Condens. Matter 20 (1), 013001 (2008).

[32] H. B. Akkerman, P. W. M. Blom, D. M. de Leeuw, and B. de Boer, Towards molecular electronics with large – area molecular junctions, Nature (London) 441 (7089), 69 – 72 (2006).

[33] C. Li, I. Pobelov, T. Wandlowski, A. Bagrets, A. Arnold, and F. Evers, Charge Transport in Single Au Alkanedithiol Au Junctions: Coordination Geometries and Conformational Degrees of Freedom, J. Am. Chem. Soc. 130 (1), 318–326 (2008).

[34] H. B. Akkerman, A. J. Kronemeijer, Paul A. van Hal, D. M. de Leeuw, P. W. M. Blom, and B. de Boer, Self-Assembled-Monolayer Formation of Long Alkanedithiols in Molecular Junctions, Small 4 (1), 100–104 (2008).

[35] T. Morita and S. Lindsay, Determination of Single Molecule Conductances of Alkanedithiols by Conducting-Atomic Force Microscopy with Large Gold Nanoparticles, J. Am. Chem. Soc. 129 (23), 7262–7263 (2007).

[36] Z. Huang, F. Chen, P. A. Bennett, and N. Tao, Single Molecule Junctions Formed via Au–Thiol Contact: Stability and Breakdown Mechanism, J. Am. Chem. Soc. 129 (43), 13225–13231 (2007).

[37] G. Wang, T. -W. Kim, H. Lee, and T. Lee, Influence of metal-molecule contacts on decay coefficients and specific contact resistances in molecular junctions, Phys. Rev. B 76 (20), 205320 (2007).

[38] N. A. Bruque, R. R. Pandey, and R. K. Lake, Electron transport through a conjugated molecule with carbon nanotube leads, Phys. Rev. B 76 (20), 205322 (2007).

[39] X. Shi, Z. Dai, and Z. Zeng, Electron transport in self-assembled monolayers of thiolalkane: Symmetric I-V curves and Fano resonance, Phys. Rev. B 76 (23), 235412 (2007).

[40] K. Luo, D. -H. Chae, and Z. Yao, Room-temperature single-electron transistors using alkanedithiols, Nanotechnology 18 (46), 465203 (2007).

[41] C. Chu, J. -S. Na, and G. N. Parsons, Conductivity in Alkylamine/Gold and Alkanethiol/Gold Molecular Junctions Measured in Molecule/Nanoparticle/Molecule Bridges and Conducting Probe Structures, J. Am. Chem. Soc. 129 (8), 2287–2296 (2007).

[42] H. Song, H. Lee, and T. Lee, Intermolecular Chain – to – Chain Tunneling in Metal – Alkanethiol – Metal Junctions, J. Am. Chem. Soc. 129 (13), 3806 – 3807 (2007).

[43] L. M Ghiringhelli, R. Caputo, and L. D. Site Alkanethiol headgroup on metal (111) – surfaces: general features of the adsorption onto group 10 and 11 transition metals, J. Phys. : Condens. Matter 19 (17), 176004 (2007).

[44] T. – W. Kim, G. Wang, H. Lee, and T. Lee, Statistical analysis of electronic properties of alkanethiols in metal – molecule – metal junctions, Nanotechnology 18 (31), 315204 (2007).

[45] R. Desikan, S. Armel, H. M. Meyer III, and T. Thundat, Effect of chain length on nanomechanics of alkanethiol self – assembly, Nanotechnology 18 (42), 424028 (2007).

[46] F. Chen, X. Li, J. Hihath, Z. Huang, and N. Tao, Effect of Anchoring Groups on Single – Molecule Conductance: Comparative Study of Thiol – , Amine – , and Carboxylic – Acid – Terminated Molecules, J. Am. Chem. Soc. 128 (49), 15874 – 15881 (2006).

[47] K. – H. Müller, Effect of the atomic configuration of gold electrodes on the electrical conduction of alkanedithiol molecules, Phys. Rev. B 73 (4), 045403 (2006).

[48] S. Wang, W. Lu, Q. Zhao, and J. Bernholc, Resonant coupling and negative differential resistance in metal/ferrocenyl alkanethiolate/STM structures, Phys. Rev. B 74 (19), 195430 (2006).

[49] V. B. Engelkes, J. M. Beebe, and C. D. Frisbie, Length – Dependent Transport in Molecular Junctions Based on SAMs of Alkanethiols and Alkanedithiols: Effect of Metal Work Function and Applied Bias on Tunneling Efficiency and Contact Resistance, J. Am. Chem. Soc. 126 (43), 14287 – 14296 (2004).

[50] M. J. Biercuk, N. Mason, J. Martin, A. Yacoby, and C. M. Marcus, Anomalous Conductance Quantization in Carbon Nanotubes, Phys. Rev. Lett. 94 (2), 026801 (2005).

[51] H. J. Li, W. G. Lu, J. J. Li, X. D. Bai, and C. Z. Gu, Multichannel Ballistic Transport in Multiwall Carbon Nanotubes, Phys. Rev. Lett. 95 (8), 086601 (2005).

[52] T. Miyake and S. Saito, Band – gap formation in (n, 0) single – walled carbon nanotubes (n = 9, 12, 15, 18): A first – principles study, Phys. Rev. B 72 (7), 073404 (2005).

[53] F. Tournus, S. Latil, M. I. Heggie, and J. – C. Charlier, π – stacking interaction between carbon nanotubes and organic molecules, Phys. Rev. B 72 (7), 075431 (2005).

[54] M. J. Biercuk, S. Garaj, N. Mason, J. M. Chow, and C. M. Marcus, Gate – Defined Quantum Dots on Carbon Nanotubes, Nano Lett. 5 (7), 1267 – 1271 (2005).

[55] F. Liu, M. – Q. Bao, K. L. Wang, X. L. Liu, C. Li, and C. – W. Zhou, Determination of the Small Band Gap of Carbon Nanotubes Using the Ambipolar Random Telegraph Signal, Nano Lett. 5 (7), 1333 – 1336 (2005).

[56] Z. Yu and P. J. Burke, Microwave Transport in Metallic Single – Walled Carbon Nanotubes, Nano Lett. 5 (7), 1403 – 1406 (2005).

[57] A. Vijayaraghavan, K. Kanzaki, S. Suzuki, Y. Kobayashi, H. Inokawa, Y. Ono, S. Kar, and P. M. Ajayan, Metal – Semiconductor Transition in Single – Walled Carbon Nanotubes Induced by Low – Energy Electron Irradiation, Nano Lett. 5 (8), 1575 – 1579 (2005).

[58] V. Barone, J. E. Peralta, M. Wert, J. Heyd, and G. E. Scuseria, Density Functional Theory Study of Optical Transitions in Semiconducting Single – Walled Carbon Nanotubes, Nano Lett. 5 (8), 1621 – 1624 (2005).

[59] Y. Takagi, T. Uda, and T. Ohno, A theoretical study for mechanical contact between carbon nanotubes, J. Chem. Phys. 122 (12), 124709 (2005).

[60] J. B. Cui, C. P. Daghlian, and U. J. Gibson, Solubility and electrical transport properties of thiolated single – walled carbon nanotubes, J. Appl. Phys. 98 (4), 044320 (2005).

[61] K. Hata, D. N. Futaba, K. Mizuno, T. Namai, M. Yumura, and S. Iijima, Water – Assisted Highly Efficient Synthesis of Impurity – Free Single – Walled Carbon Nanotubes, Science 306 (5700), 1362 – 1364 (2004).

[62] T. Böhler, A. Edtbauer, and E. Scheer, Conductance of individual C_{60} molecules measured with controllable gold electrodes, Phys. Rev. B 76 (12), 125432 (2007).

[63] L. – L. Wang and H. – P. Cheng, Density functional study of the adsorption of a C_{60} monolayer on Ag (111) and Au (111) surfaces, Phys. Rev. B 69 (16), 165417 (2004). Phys. Rev. B 75 (11), 119901 (E) (2007).

[64] A. N. Pasupathy, R. C. Bialczak, J. Martinek, J. E. Grose, L. A. K. Donev, P. L. McEuen, and D. C. Ralph, The Kondo Effect in the Presence of Ferromagnetism, Science 306 (5693), 86 – 89 (2004).

[65] A. V. Malyshev, DNA Double Helices for Single Molecule Electronics, Phys. Rev. Lett. 98 (9), 096801 (2007).

[66] B. B. Schmidt, M. H. Hettler, and G. Schön, Influence of vibrational modes on the electronic properties of DNA, Phys. Rev. B 75 (11), 115125 (2007).

[67] X. Yang, Q. Wang, K. Wang, W. Tan, J. Yao, and H. Li, Electrical Switching of DNA Monolayers Investigated by Surface Plasmon Resonance, Langmuir 22 (13), 5654 – 5659 (2006).

[68] S. H. Park, R. Barish, H. – Y. Li, J. H. Reif, G. Finkelstein, H. Yan, and T. H. LaBean, Three – Helix Bundle DNA Tiles Self – Assemble into 2D Lattice or 1D Templates for Silver Nanowires, Nano Lett. 5 (4), 693 – 696 (2005).

[69] E. S. Kryachko and F. Remacle, Complexes of DNA Bases and Gold Clusters Au_3 and Au_4 Involving Nonconventional N – H······Au Hydrogen Bonding, Nano Lett. 5 (4), 735 – 739 (2005).

[70] U. Rant, K. Arinaga, S. Fujita, N. Yokoyama, G. Abstreiter, and M. Tornow, Dynamic Electrical Switching of DNA Layers on a Metal Surface, Nano Lett. 4 (12), 2441 – 2445 (2004).

[71] M. Zheng, A. Jagota, M. S. Strano, A. P. Santos, P. Barone, S. G. Chou, B. A. Diner, M. S. Dresselhaus, R. S. Mclean, G. B. Onoa, G. G. Samsonidze, E. D. Semke, M. Usrey, and D. J. Walls, Structure – Based Carbon Nanotube Sorting by Sequence – Dependent DNA Assembly, Science 302 (5650), 1545 – 1548 (2003).

[72] M. Bixon and J. Jortner, Long – range and very long – range charge transport in DNA, Chem. Phys. 281 (2 – 3), 393 – 408 (2002).

[73] C. R. Treadway, M. G. Hill, and J. K. Barton, Charge transport through a molecular π – stack: double helical DNA, Chem. Phys. 281 (2 – 3), 409 – 428 (2002).

[74] J. – O. Lee, G. Lientschnig, F. Wiertz, M. Struijk, R. A. J. Janssen, R. Egberink, D. N. Reinhoudt, P. Hadley, and C. Dekker, Absence of Strong Gate Effects in Electrical Measurements on Phenylene – Based Conjugated Molecules, Nano Lett. 3 (2), 113 – 117 (2003).

[75] T. Dadosh, Y. Gordin, R. Krahne, I. Khivrich, D. Mahalu, V. Frydman, J. Sperling, A. Yacoby, and I. Bar – Joseph, Measurement of the conductance of single conjugated molecules, Nature (London) 436, 677 – 680 (2005). Nature (London) 436, 1200 (2005).

[76] Y. Xue and M. A. Ratner, Microscopic study of electrical transport through individual molecules with metallic contacts. I. Band lineup, voltage drop, and high – field transport, Phys. Rev. B 68 (11), 115406 (2003).

[77] Y. Xue and M. A. Ratner, Microscopic study of electrical transport through individual molecules with metallic contacts. II. Effect of the interface structure, Phys. Rev. B 68 (11), 115407 (2003).

[78] Y. – H. Kim, S. S. Jang and W. A. Goddard III, Conformations and charge transport characteristics of biphenyldithiol self – assembled – monolayer molecular electronic devices: A multiscale computational study, J. Chem. Phys. 122 (24), 244703 (2005). J. Chem. Phys. 123 (16), 169902 (2005).

[79] C. – K. Wang, Y. Fu, and Y. Luo, A quantum chemistry approach for current – voltage characterization of molecular junctions, Phys. Chem. Chem. Phys. 3(22),

5017 – 5023(2001).

[80] J. Jiang, W. Lu, and Y. Luo, Length dependence of coherent electron transportation in metal – alkanedithiol – metal and metal – alkanemonothiol – metal junctions, Chem. Phys. Lett. 400 (4 – 6), 336 – 340 (2004).

[81] Z. – L. Li, B. Zou, C. – K. Wang, and Y. Luo, Electronic transport properties of molecular bipyridine junctions: Effects of isomer and contact structures, Phys. Rev. B 73 (7), 075326 (2006).

[82] X. – W. Yan, R. – J. Liu, Z. – L. Li, B. Zou, X. – N. Song, and C. – K. Wang, Contact configuration dependence of conductance of 1, 4 – phenylene diisocyanide molecular junction, Chem. Phys. Lett. 429 (1 – 3), 225 – 228 (2006).

[83] F. Remacle and R. D. Levine, Electrical transmission of molecular bridges, Chem. Phys. Lett. 383 (5 – 6), 537 – 543 (2004).

[84] 李宗良, 分子功能器件的设计与性质研究, 山东师范大学博士学位论文, 2007 年, 第 22 – 24 页。

[85] Q. Tang, H. K. Moon, Y. Lee, S. M. Yoon, H. J. Song, H. Lim, and H. C. Choi, Redox – Mediated Negative Differential Resistance Behavior from Metalloproteins Connected through Carbon Nanotube Nanogap Electrodes, J. Am. Chem. Soc. 129 (36), 11018 – 11019 (2007).

[86] M. J. Frisch, G. W. Trucks, H. B. Schlegel, G. E. Scuseria, M. A. Robb, J. R. Cheeseman, J. A. Montgomery, Jr., T. Vreven, K. N. Kudin, J. C. Burant, J. M. Millam, S. S. Iyengar, J. Tomasi, V. Barone, B. Mennucci, M. Cossi, G. Scalmani, N. Rega, G. A. Petersson, H. Nakatsuji, M. Hada, M. Ehara, K. Toyota, R. Fukuda, J. Hasegawa, M. Ishida, T. Nakajima, Y. Honda, O. Kitao, H. Nakai, M. Klene, X. Li, J. E. Knox, H. P. Hratchian, J. B. Cross, C. Adamo, J. Jaramillo, R. Gomperts, R. E. Stratmann, O. Yazyev, A. J. Austin, R. Cammi, C. Pomelli, J. W. Ochterski, P. Y. Ayala, K. Morokuma, G. A. Voth, P. Salvador, J. J. Dannenberg, V. G. Zakrzewski, S. Dapprich, A. D. Daniels, M. C. Strain, O. Farkas, D. K. Malick, A. D. Rabuck, K. Raghavachari, J. B. Foresman, J. V. Ortiz, Q. Cui, A. G. Baboul, S. Clifford, J. Cioslowski, B. B. Stefanov, G. Liu, A. Liashenko, P. Piskorz, I. Komaromi, R. L. Martin, D. J. Fox, T. Keith, M. A.

Al-Laham, C. Y. Peng, A. Nanayakkara, M. Challacombe, P. M. W. Gill, B. Johnson, W. Chen, M. W. Wong, C. Gonzalez, and J. A. Pople, Gaussian 03, Revision C. 02, Gaussian, Inc., Wallingford CT, 2004.

第六章　4,4′-联苯二硫酚分子器件的非弹性电子隧穿谱

众所周知,在外加低偏压时分子结的导电机制取决于电子的隧穿过程。[1]当考虑电子与分子振动耦合时,电子的隧穿过程是非弹性散射过程[2]。由于非弹性电子隧穿谱与分子的振动模式有关,因此可以通过测量分子器件的非弹性电子隧穿谱来确定分子器件的微观结构。

目前分子器件非弹性电子隧穿谱领域研究的分子主要集中在中小分子的层次,研究较多的分子也仅是由几十个原子构成。与电极相比,分子的体积都比较小,因此外界因素的变化对分子器件非弹性电子隧穿谱的影响会比较明显。影响分子器件非弹性电子隧穿谱的因素有很多,主要表现为以下几个方面:一是两电极之间的距离。由于分子体积小,加上实验技术的限制,目前很难控制使两电极之间的距离达到最佳,从而影响分子体系的非弹性电子隧穿谱。另外一个很难确定的因素就是分子与电极之间接触点的几何结构,目前实验中常采用的方法有扫描隧道显微镜方法、力学可控劈裂法(Mechanicall Controllable break junction)、胶体法等。[3-27]但是不管哪种方法,电极与分子连接点的结构都有一定随机性,接触点结构的不同使得电极对分子的作用有所不同,从而分子体系的非弹性电子隧穿谱会发生变化。

由于4,4′-联苯二硫酚分子(4,4′-biphenyldithiol molecule)的结构简单且易于化学吸附于金属表面的特性,4,4′-联苯二硫

酚分子结成为实验和理论研究的理想对象。实验测量结果显示，该分子结具有较低的电流开通电压和明显的电导振荡特性，并且不同的实验技术条件下形成的分子结具有不同的测量结果。在弹性散射理论基础上，理论计算结果和实验结果有较大的差别。其存在的主要问题是电极间的距离以及分子与金属的接触构型无法确定，而这些因素极大地影响了分子结电输运特性。因此，发展测量技术来确定电极间的距离以及分子与金属的接触构型，对于制备理想的分子结和理论方法的发展都是非常重要的。目前实验上没有给出该分子结非弹性电子隧穿谱的测量结果。

本章从第一性原理出发，利用非弹性散射的格林函数方法，研究了电极距离以及分子与金属的接触构型等因素对 4,4′- 联苯二硫酚分子器件非弹性电子隧穿谱的影响，期望通过理论计算该分子结的非弹性电子隧穿谱可以给出该分子结与金属电极接触时的相关信息。

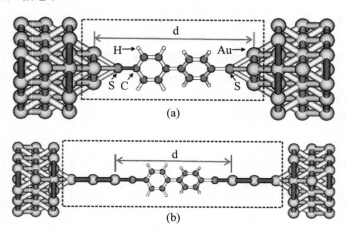

图 6.1　4,4′- 联苯二硫酚分子结示意图

第六章 4,4′-联苯二硫酚分子器件的非弹性电子隧穿谱

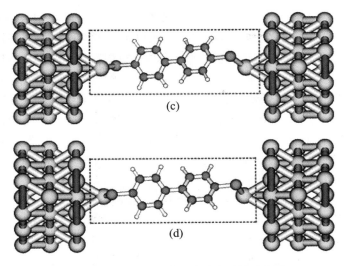

续图 6.1 4,4′-联苯二硫酚分子结示意图

（a）为三角形电极构型（cont 1）；（b）为直线型电极构型（cont 2）；（c）和（d）分别为单个 Au 原子电极构型（cont 3）情况下的反式结构和顺式结构

在本章工作中，我们利用 Gaussian 03 程序包对扩展分子体系几何结构进行优化并对其电子结构和振动频率计算，[28]计算方法采用杂化的密度泛函理论（B3LYP），选 LanL2DZ 作为基矢。而分子器件的非弹性电子隧穿谱采用程序包 QCME1.1 进行计算。[29]

6.1 电极距离的影响

近年来，4,4′-联苯二硫酚分子作为分子电子学研究中一种

重要的有机分子引起人们的普遍关注。[30-37]本书以4,4′-联苯二硫酚分子为研究对象，选用 Au 作为金属电极，研究该分子器件的非弹性电子隧穿谱。考虑到分子与电极相互作用的局域性以及我们的经验，我们首先选用三个 Au 原子组成的正三角形 Au 原子团簇与4,4′-联苯二硫酚分子相连，模拟分子与 Au（111）面的相互作用。自由分子处于两个 Au 原子团簇中间，从而组成扩展分子，如图6.1（a）所示。本节内容就是以正三角形接触方式为例，具体讨论电极距离对4,4′-联苯二硫酚分子非弹性电子隧穿谱的影响。

通过对扩展分子进行结构优化，发现当 Au 原子团簇之间距离为1.56nm 时，体系的能量最低，如图6.2所示。在此基础上，分别拉近和拉远两个 Au 原子团簇，使其处于不同的距离，然后进一步优化扩展分子的结构。在几何结构优化过程中，首先确定电极间距离，然后固定 Au 原子坐标和 S 原子垂直于分子轴线的坐标，放开其他原子的坐标。

图6.3显示了扩展分子体系几何结构随电极距离的变化情况。由图6.3（a-c）可以看出随着 Au 原子团簇间距增大，4,4′-联苯二硫酚分子两苯环间的扭转角数值几乎呈直线下降，而两苯环间的 C-C 键长以及左端 S 原子与其最近邻 C 原子的键长随电极距离增加而变大。值得注意的是，由于对不同距离下扩展分子几何结构进行优化时，我们把有机分子几乎所有的原子坐标完全放开进行优化。当 Au 原子团簇间距大于1.50nm 时，4,4′-联苯二硫酚分子基本保持分子轴线（两个 S 原子所在直线）为一条直线，当距离由1.50nm 变化为1.48nm 时，有机分子的"骨架"开始出现微小弯曲。正是这种微小的弯曲，导致对于电极距离为1.48nm 时，4,4′-联苯二硫酚分子扭转角及C-C 和 S-C 键长与1.50nm 情况下相应数值相比差别较小（如图6.3（a-c）所示）。由图6.3（d）可以看出4,4′-联苯二硫酚

分子长度随 Au 原子团簇间距增加而增加，这表明适当拉伸电极距离，有机分子长度也相应有所增大。并且由图 6.3 (b-d) 明显看出，当电极距离小于等于 1.60nm 时，两苯环间的 C-C 键长、S-C 键长以及 S-S 长度随着电极距离的增加近似线性增加；当电极距离大于 1.60nm 时，其数值增加幅度较小。可以预见当继续拉伸两 Au 电极后，C-C 和 S-C 键长以及 S-S 长度基本保持不变。

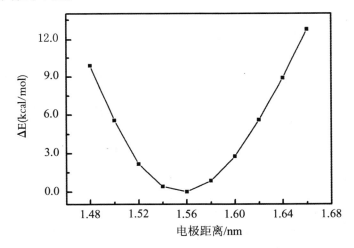

图 6.2　电极距离不同时分子体系总能量的变化情况

当电极距离为 1.56nm 时，图 6.4 给出了考虑分子振动和不考虑分子振动时分子结的电导曲线。所加偏压处于电子能级通道开通之前的区域。当不考虑分子振动时，电输运是弹性散射过程。由于电子能级通道没有开通，故电子隧穿是非共振隧穿，电导随偏压线性增加。当考虑分子振动时，分子的电导呈跳跃式增加。在适当条件下，当电子的能量与分子的振动能级相当时，产生共振隧穿，电导出现了一个新的台阶。电导对电压的偏导为非弹性电子隧穿谱。

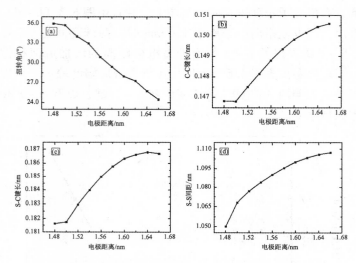

图 6.3 电极距离不同时分子几何结构的变化情况

(a) 两苯环间的扭转角;(b) 两苯环间的 C-C 键长;(c) S 原子与其最近邻 C 原子的键长;(d) 两 S 原子之间的距离

图 6.5 给出不同电极距离下 4,4′-联苯二硫酚分子的非弹性电子隧穿谱。为了讨论问题的方便,本节中对于所有的振动模式采用同样的能级展宽因子,图中的棒状线对应于 Γ_μ^{JK} = 1.24meV,即 10cm^{-1},而光滑的曲线对应 Γ_μ^{JK} = 7.44meV,即 60cm^{-1}。温度选为 T = 4.2K。图中 ν(6a)、ν(18a) 等振动模式的标记是采用 Wilson-Varsanyi 标记法,而 ν(C-S) 代表的简正振动模式主要表现为终端 S 与其最近邻 C 原子之间的平面内伸缩振动。

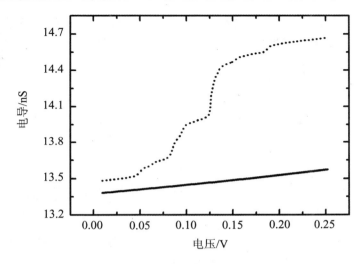

图 6.4 4,4′-联苯二硫酚分子的电导—电压曲线

由图 6.5 可见，分子的非弹性电子隧穿谱与两电极间的距离密切相关。当电极距离改变时，分子非弹性电子隧穿谱的形状出现了明显地变化，不同振动模式对应于不同的相对强度。具体说来，当电极距离为 1.48 和 1.50nm 时，振动模式 ν（18a）相对强度比其他振动模式要大，意味着振动模式 ν（18a）与入射电子有更强的耦合作用。当电极距离增加为 1.52 和 1.54nm 时，ν（18a）的相对强度要小于 ν（6a）的相对强度，而当扩展分子体系处于稳定状态（电极距离为 1.56nm）时，其非弹性电子隧穿谱与 1.50 和 1.64nm 情况下的谱线形状十分相似。当 Au 原子团簇间距为 1.58 和 1.60nm 时，振动模式 ν（19a）的相对强度比较强，特别是在 1.58nm 情况下振动模式 ν（19a）对 4,4′-联苯二硫酚分子非弹性电子隧穿谱贡献最大，当两 Au 原子团簇间距扩大为 1.66nm 时，ν（6a）的相对强度比 ν（18a）的稍强。由图 6.5 还可以看出，除了电极距离为 1.50、1.56 和 1.64nm 时非弹性电子隧穿谱形状比较相似以外，1.48和1.62nm情况下的谱线形状也十分相近，此外，1.52、1.54和1.66nm情况下谱线形状亦存在相似之处。

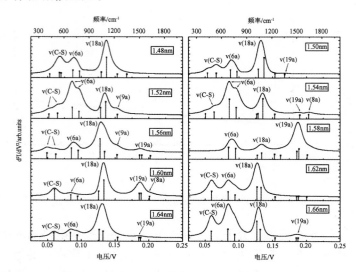

图6.5　不同电极距离情况下4,4′-联苯二硫酚分子非弹性电子隧穿谱

计算结果进一步表明，当电极间的距离变化很小时，分子结构有较少地调整，但分子的非弹性电子隧穿谱出现了很大的变化，如在1.56和1.58nm情况下，两种非弹性电子隧穿谱明显具有不同的形状，从而说明了非弹性电子隧穿谱可以很灵敏地反映分子结构的变化。为了更好地说明这一结论，我们改变电极的距离，但假设分子的几何结构不变。图6.6（a）和（b）是在1.56和1.58nm情况下，采用相同的分子几何结构，得到的分子结的非弹性电子隧穿谱。由图可见，非弹性电子隧穿谱峰值的位置基本不变，但相应峰值的大小变化较大。由于分子与电极间的

距离发生了改变,从而扩展分子的几何结构有微小的变化(Au-S 的距离不同),导致了非弹性电子隧穿谱峰值的位置有微小的移动。同时,由于分子与电极间的相互作用能有变化,导致了非弹性电子隧穿谱峰值强弱的调整。当在 1.58nm 情况下,采用优化的几何结构,分子结的非弹性电子隧穿谱〔图 6.6(c)〕同图 6.6(b)相比有了进一步的变化,即非弹性电子隧穿谱峰值的位置和强弱都有了明显地调整。因此,即使分子的几何结构变化较小,分子结的非弹性电子隧穿谱亦有明显地改变。

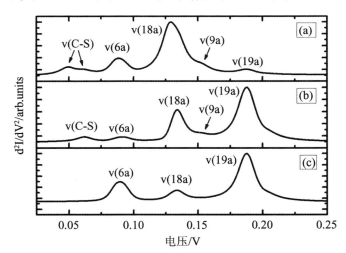

图 6.6 三种情况下 4,4′-联苯二硫酚分子非弹性电子隧穿谱

(a)是电极距离为 1.56nm 情况;(b)是在电极距离为 1.58nm 情况,但采用了 1.56nm 情况下的分子几何结构;(c)是电极距离为 1.58nm 情况下优化了分子结构

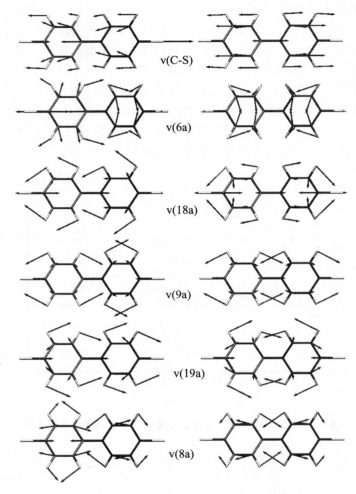

图 6.7 六种简正振动模式示意图

进一步可见，在多数情况下振动模式 ν（18a）具有较大的相对强度，这一结果与他人对含有苯环分子的计算结论一致。[38]

当电极距离为 1.52nm 和 1.56nm 情况下振动模式 ν（9a）对分子非弹性电子隧穿谱的贡献以及 1.54nm 情况下 ν（8a）的贡献也都可以观测到。我们还发现不同电极距离下几乎都存在振动模式 ν（C-S）对 4,4′-联苯二硫酚分子的非弹性电子隧穿谱贡献，这一结论与 Paulsson 等人得到的 OPE 和 OPV 两种分子非弹性电子隧穿谱理论分析结果相吻合。[39] 另外，我们还发现振动模式 ν（6a）对该分子非弹性电子隧穿谱也有贡献。

尽管通常认为非弹性电子隧穿谱没有红外光谱和 Raman 光谱那样严格的选择定则，但人们还是发现非弹性电子隧穿谱存在一种取向择优性。相关理论和实验已表明，隧穿电子与平行于隧穿电流方向（即垂直于金属电极表面）的振动模式有强的耦合作用，即在隧穿谱中垂直于金属电极表面的振动模式比平行于表面的模式所产生的谱强度要强得多。[40] 通过分析 4,4′-联苯二硫酚分子的非弹性电子隧穿谱，发现较大相对谱强度主要是来自于 ν（C-S）、ν（6a）、ν（18a）和 ν（19a）等简正振动模式的贡献，而这些简正振动模式的振动方向都基本上垂直于 Au 电极表面（如图 6.7 所示），像这样的简正振动模式称为纵模（longitudinal mode）。

6.2 电极构型的影响

分子器件非弹性电子隧穿谱的变化除了与电极距离不同有关以外，还与金属电极构型的变化有密切关系。为了考虑分子与电极连接点附近金属原子构型的随机性，这里选取了三种不同的连接点构型进行计算。由于原子间相互作用的局域性，对分子结构影响起主要作用的是与分子最近邻和次近邻的金属原子，较远的金属原子由于距离远以及近邻原子的屏蔽作用，对分子影响可以忽略，因此每种构型只选取有限个金属原子构成不同结构的金原子团簇与分子相连来模拟电极与分子之间的相互作用。其中：

①第一种构型是由三个 Au 原子构成正三角形接到分子两端（简记为 cont 1 构型），两正三角形平行正对，如图 6.1（a）所示，此时电极距离取为 1.56nm。

②第二种构型由三个金原子构成一条直线（简记为 cont 2 构型），两 Au 原子团簇处在同一直线上，分子在两 Au 原子团簇中间，S 原子在直线上，如图 6.1（b）所示。为与 cont 1 构型计算结果进行比较，这里两电极之间的距离也是取为 1.56nm。

③第三种构型由有机分子两端各一个 Au 原子构成（简记为 cont 3 构型）。通过进行几何结构完全优化，我们发现这样的扩展分子体系存在两种可能的稳定状态：反式结构（trans - structure）和顺式结构（cis - structure），分别如图 6.1（c）和（d）所示。其中反式结构的扩展分子体系中两个 Au 原子之间的距离为 1.29nm，顺式结构的两 Au 原子间距为 1.22nm，而且反式结构体系比顺式结构的总能量略微低一点。另外通过几何结构优化后我们发现，对于由反式结构的两个苯环平面所构成的二面角度数为 31.7°，而顺式结构情况下的二面角度数为 30.6°。

三种不同金属构型情况下的 4,4′- 联苯二硫酚分子非弹性电子隧穿谱如图 6.8 所示，这里温度取为 4.2K。本节利用公式（4.3.7）对每种振动模式的能级展宽 Γ_μ^{JK} 进行计算，这与上一节的简单计算方法略有不同。另外为方便讨论，图 6.8 中的四条非弹性电子隧穿谱谱峰强度都是相对于各自振动模式 ν（C - S）谱峰强度的相对强度。

第六章 4,4′-联苯二硫酚分子器件的非弹性电子隧穿谱

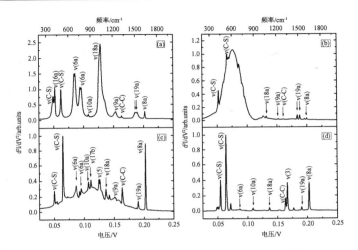

图 6.8　三种电极构型情况下 4,4′-联苯二硫酚分子非弹性电子隧穿谱

（a）是采用正三角形接触方式（cont 1）；（b）是采用直线型接触方式（cont 2）；（c）和（d）分别是采用单个 Au 原子反式和顺式结构的接触方式（cont 3）

从图 6.8 可以看到不同金属电极构型情况下 4,4′-联苯二硫酚分子器件非弹性电子隧穿谱差异较大，也就是说每种金属电极构型下的分子器件都具有其独特的非弹性电子隧穿谱。具体来说，对于正三角形电极接触方式的 4,4′-联苯二硫酚分子器件而言，主要的隧穿谱谱峰都对应着模式为纵模的振动，如图 6.7 所示。其中振动模式 ν（18a）相对强度比其他振动模式要大，意味着振动模式 ν（18a）与入射电子有更强的耦合作用。在直线型电极接触方式的情况中，4,4′-联苯二硫酚分子器件的非弹性电子隧穿谱与前面讨论的差别很大。在电压为 50.0~114.0mV 范围内，出现一个展宽非常宽的隧穿谱谱峰。除振动模式 ν（C-S）外，该区域

内的其他振动模式很难被指认出来。而且对于114.0~250.0mV电压范围内的各个振动模式,其相对谱强度都很弱。

比较图6.8(c)和(d)我们发现,采用单个Au原子的接触方式,4,4′-联苯二硫酚分子器件的非弹性电子隧穿谱也有其特点。反式和顺式两种情况下最大的相对谱峰强度都是来自于 ν(C-S)振动模式,其谱峰位置分别为64.8mV和64.3mV。而且在正三角形和直线型接触方式非弹性电子隧穿谱中没有出现的振动模式,在单个Au原子的接触方式中能够被指认出来。例如在反式结构中,我们可以发现位于111.6mV处的 ν(17b)振动模式以及位于125.1mV和126.6mV处的 ν(5)模式对4,4′-联苯二硫酚分子器件非弹性电子隧穿谱都有贡献;对于顺式结构情形下,位于166.6mV处的 ν(3)模式的贡献也可以被指认出来。图6.9给出了顺式结构下该分子 ν(3)简正振动模式示意图。

需要指出的是像 ν(17b)和 ν(5)这样的振动模式属于横模,也就是分子中各个原子的振动方向垂直于苯环平面,如图6.9所示。前一节已经提到了由于隧穿电子与纵模有强的耦合作用,因此在4,4′-联苯二硫酚分子非弹性电子隧穿谱中具有较大相对谱强度的谱峰主要是来自于纵模的贡献。考虑到反式结构中两个Au原子的连线方向(即隧穿电子的运动方向)与4,4′-联苯二硫酚分子的分子轴线方向并不重合,而是存在一定的夹角,因此横模 ν(17b)和 ν(5)在隧穿电子的运动方向上有纵向分量, ν(17b)和 ν(5)振动模式对该分子非弹性电子隧穿谱也有贡献。对于横模 ν(10a)也可以用这种方法进行定性分析。如在反式结构中, ν(10a)对隧穿谱有较大贡献;而对于正三角形电极构型以及顺式结构中,由于Au原子的连线方向与分子轴线方向基本重合,因此横模 ν(10a)的谱峰相对强度很小,如图6.8(a)、(c)和(d)所示。

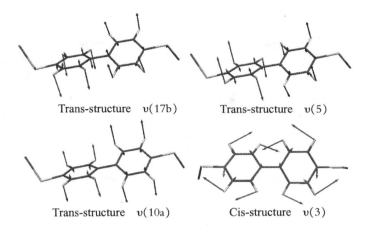

Trans-structure υ(17b)　　Trans-structure υ(5)

Trans-structure υ(10a)　　Cis-structure υ(3)

图6.9　反式和顺式结构下四种简正振动模式示意图

表6.1　cont 1 和 cont 3 电极构型情况下主要振动模式所对应的谱峰位置、相对谱强度以及隧穿谱的半高全宽（FWHM）

mode	Peak position (meV)			Peak intensity			FWHM (meV)		
	cont 1	trans	cis	cont 1	trans	cis	cont 1	trans	cis
ν(C-S)	49.0	50.3	54.7	0.776	0.277	0.403	4.8	2.1	1.3
	62.1	64.8	64.3	1.000	1.000	1.000	1.9	1.5	1.4
ν(6a)	85.9	86.8	86.9	1.512	0.344	0.026	4.4	4.5	2.6
	96.2	95.3	-	1.058	0.309	-	4.2	2.4	-
ν(18a)	128.5	136.6	136.3	2.449	0.300	0.042	5.9	3.4	1.4
ν(19a)	185.9	-	-	0.248	-	-	5.0	-	-
	189.5	190.3	190.3	0.257	0.137	0.048	5.0	1.7	1.4
ν(8a)	202.4	202.9	202.9	0.279	0.890	0.373	1.7	1.3	1.5

表6.1列出了正三角形和单个 Au 原子电极构型情况下 ν（C-S）、ν（6a）、ν（18a）、ν（19a）和 ν（8a）振动模式所对应的谱峰位置、相对谱强度及非弹性电子隧穿谱的半高全宽（the full width at half maximum，FWHM）等信息。由公式（4.2.8）可以看出谱峰的半高全宽与分子和金属电极的相互作用有密切关系。从该列表中我们可以看到对于每种振动模式所对应的隧穿谱半高全宽，基本上都是正三角形的比单个 Au 原子电极构型的要大一些，这表明正三角形构型情况下分子和金属电极的相互作用要比单个 Au 原子情况下的强一些。

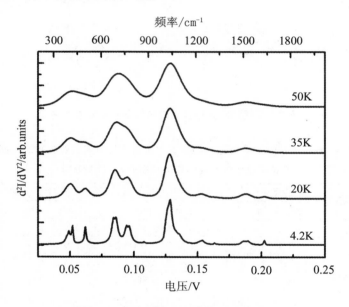

图 6.10 温度对 4,4′- 联苯二硫酚分子
非弹性电子隧穿谱的影响

本节最后还计算了正三角形电极构型情况下，4,4′- 联苯二硫酚分子非弹性电子隧穿谱随温度变化的演化情况，这里温度的影响主要是通过温度改变费米分布函数（4.2.9）而实现的。我们分别计算了 4.2K、20.0K、35.0K 和 50.0K 四种情况下分子非

弹性电子隧穿谱，如图 6.10 所示。由图 6.10 可以看出，随着温度由 4.2K 逐步升高到 50.0K，非弹性电子隧穿谱中原先比较尖锐、易辨别的峰逐渐变得模糊不易分辨，而且谱峰宽度逐渐变宽。

6.3 本章小结

本章从第一性原理出发，系统研究了电极距离以及分子与金属的接触构型等因素对 4,4′-联苯二硫酚分子器件非弹性电子隧穿谱的影响。理论计算结果表明，当电极距离和电极接触构型变化时，4,4′-联苯二硫酚分子的几何结构出现调整，且该分子器件的非弹性电子隧穿谱呈现出较大的变化，从而表明了分子器件的非弹性电子隧穿谱与电极距离以及电极接触构型都密切相关。通过对不同振动模式的指认，发现垂直于表面的振动模式对非弹性电子隧穿谱具有较大的贡献，表明了非弹性电子隧穿谱存在着取向择优性。非弹性电子隧穿谱技术可以用来探测分子器件的微观结构。

参考文献

[1] W. Wang, T. Lee, and M. A. Reed, Mechanism of electron conduction in self-assembled alkanethiol monolayer devices, Phys. Rev. B 68 (3), 035416 (2003).
[2] 武晓君，李群祥，黄静，杨金龙，单分子器件电子输运性质的理论研究，物理化学学报 20 (08S), 995-1002 (2004).
[3] M. Koshino, T. Tanaka, N. Solin, K. Suenaga, H. Isobe, and E. Nakamura, Imaging of Single Organic Molecules in Motion, Science 316 (5826), 853 (2007).

[4] N. Bushong, J. Gamble, and M. Di Ventra, Electron Turbulence at Nanoscale Junctions, Nano Lett. 7 (6), 1789–1792 (2007).

[5] W. Haiss, T. Albrecht, H. van Zalinge, S. J. Higgins, D. Bethell, H. Höbenreich, D. J. Schiffrin, R. J. Nichols, A. M. Kuznetsov, J. Zhang, Q. Chi, and J. Ulstrup, Single – Molecule Conductance of Redox Molecules in Electrochemical Scanning Tunneling Microscopy, J. Phys. Chem. B 111 (24), 6703–6712 (2007).

[6] P. Sundqvist, F. J. Garcia – Vidal, F. Flores, M. Moreno – Moreno, C. Gómez – Navarro, J. S. Bunch, and J. Gómez – Herrero, Voltage and Length – Dependent Phase Diagram of the Electronic Transport in Carbon Nanotubes, Nano Lett. 7(9), 2568–2573(2007).

[7] Z. Wang, T. Kadohira, T. Tada, and S. Watanabe, Nonequilibrium Quantum Transport Properties of a Silver Atomic Switch, Nano Lett. 7 (9), 2688–2692 (2007).

[8] S. S. C. Yu, E. S. Q. Tan, R. T. Jane, and A. J. Downard, An Electrochemical and XPS Study of Reduction of Nitrophenyl Films Covalently Grafted to Planar Carbon Surfaces, Langmuir 23 (22), 11074–11082 (2007).

[9] Z. Huang, F. Chen, R. D'agosta, P. A. Bennett, M. Di Ventra, and N. Tao, Local ionic and electron heating in single – molecule junctions, Nature Nanotechnology 2 (11), 698–703 (2007).

[10] T. E. Dirama and J. A. Johnson, Conformation and Dynamics of Arylthiol Self – Assembled Monolayers on Au (111), Langmuir 23 (24), 12208–12216 (2007).

[11] E. A. Osorio, K. O'Neill, M. Wegewijs, N. Stuhr – Hansen, J. Paaske, T. Bj? rnholm, and H. S. J. van der Zant, Electronic Excitations of a Single Molecule Contacted in a Three – Terminal Configuration, Nano Lett. 7 (11), 3336–3342 (2007).

[12] S. Y. Quek, L. Venkataraman, H. J. Choi, S. G. Louie, M. S. Hybertsen, and J. B. Neaton, Amine – Gold Linked Single – Molecule Circuits: Experiment and Theory, Nano Lett. 7 (11), 3477–3482 (2007).

[13] J. Güdde, M. Rohleder, T. Meier, S. W. Koch, and U. Höfer, Time –

Resolved Investigation of Coherently Controlled Electric Currents at a Metal Surface, Science 318 (5854), 1287 - 1291 (2007).
[14] B. Xu, Modulating the Conductance of a Au – octanedithiol – Au Molecular Junction, Small 3 (12), 2061 - 2065 (2007).
[15] J. - G. Wang and A. Selloni, Influence of End Group and Surface Structure on the Current – Voltage Characteristics of Alkanethiol Monolayers on Au (111), J. Phys. Chem. A 111 (49), 12381 - 12385 (2007).
[16] T. Kim and P. M. Felker, Vibrational Spectroscopy and Dynamics in the CH – Stretch Region of Fluorene by IVR – Assisted, Ionization – Gain Stimulated Raman Spectroscopy, J. Phys. Chem. A 111 (49), 12466 - 12470 (2007).
[17] C. Munuera, E. Barrena, and C. Ocal, Deciphering Structural Domains of Alkanethiol Self – Assembled Configurations by Friction Force Microscopy, J. Phys. Chem. A 111 (49), 12721 - 12726 (2007).
[18] N. Ballav, B. Schüpbach, O. Dethloff, P. Feulner, A. Terfort, and M. Zharnikov, Direct Probing Molecular Twist and Tilt in Aromatic Self – Assembled Monolayers, J. Am. Chem. Soc. 129(50), 15416 - 15417(2007).
[19] M. H. Rümmeli, F. Schäffel, C. Kramberger, T. Gemming, A. Bachmatiuk, R. J. Kalenczuk, B. Rellinghaus, B. Büchner, and T. Pichler, Oxide – Driven Carbon Nanotube Growth in Supported Catalyst CVD, J. Am. Chem. Soc. 129 (51), 15768 - 15769 (2007).
[20] R. Huber, M. T. Gonzlez, S. Wu, M. Langer, S. Grunder, V. Horhoiu, M. Mayor, M. R. Bryce, C. Wang, R. Jitchati, C. Schönenberger, and M. Calame, Electrical Conductance of Conjugated Oligomers at the Single Molecule Level, J. Am. Chem. Soc. 130 (3), 1080 - 1084 (2008).
[21] M. P. Nikiforov, U. Zerweck, P. Milde, C. Loppacher, T. - H. Park, H. T. Uyeda, M. J. Therien, L. Eng, and D. Bonnell, The Effect of Molecular Orientation on the Potential of Porphyrin – Metal Contacts, Nano Lett. 8 (1), 110 - 113 (2008).
[22] K. Baheti, J. A. Malen, P. Doak, P. Reddy, S. - Y. Jang, T. D. Tilley, A. Majumdar, and R. A. Segalman, Probing the Chemistry of Molecular

Heterojunctions Using Thermoelectricity, Nano Lett. 8 (2), 715 – 719 (2008).

[23] Y. Qi, I. Ratera, J. Y. Park, P. D. Ashby, S. Y. Quek, J. B. Neaton, and M. Salmeron, Mechanical and Charge Transport Properties of Alkanethiol Self – Assembled Monolayers on a Au (111) Surface: The Role of Molecular Tilt, Langmuir 24 (5), 2219 – 2223 (2008).

[24] J. Ning, Z. Qian, R. Li, S. Hou, A. R. Rocha, and S. Sanvito, Effect of the continuity of the conjugation on the conductance of ruthenium – octene – ruthenium molecular junctions, J. Chem. Phys. 126 (17), 174706 (2007).

[25] S. Yeganeh, M. A. Ratner, and V. Mujica, Dynamics of charge transfer: Rate processes formulated with nonequilibrium Green's functions, J. Chem. Phys. 126 (16), 161103 (2007).

[26] Y. X. Zhou, F. Jiang, H. Chen, R. Note, H. Mizuseki, and Y. Kawazoe, First – principles study of length dependence of conductance in alkanedithiols, J. Chem. Phys. 128 (4), 044704 (2008).

[27] Z. Zhang, Z. Yang, J. Yuan, and M. Qiu, First – principles investigation of the asymmetric contact effect on current – voltage characteristics of a molecular device, J. Chem. Phys. 128 (4), 044711 (2008).

[28] M. J. Frisch, G. W. Trucks, H. B. Schlegel, G. E. Scuseria, M. A. Robb, J. R. Cheeseman, J. A. Montgomery, Jr. , T. Vreven, K. N. Kudin, J. C. Burant, J. M. Millam, S. S. Iyengar, J. Tomasi, V. Barone, B. Mennucci, M. Cossi, G. Scalmani, N. Rega, G. A. Petersson, H. Nakatsuji, M. Hada, M. Ehara, K. Toyota, R. Fukuda, J. Hasegawa, M. Ishida, T. Nakajima, Y. Honda, O. Kitao, H. Nakai, M. Klene, X. Li, J. E. Knox, H. P. Hratchian, J. B. Cross, C. Adamo, J. Jaramillo, R. Gomperts, R. E. Stratmann, O. Yazyev, A. J. Austin, R. Cammi, C. Pomelli, J. W. Ochterski, P. Y. Ayala, K. Morokuma, G. A. Voth, P. Salvador, J. J. Dannenberg, V. G. Zakrzewski, S. Dapprich, A. D. Daniels, M. C. Strain, O. Farkas, D. K. Malick, A. D. Rabuck, K. Raghavachari, J. B. Foresman, J. V. Ortiz, Q. Cui, A. G. Baboul, S. Clifford, J. Cioslowski, B. B. Stefanov, G. Liu, A. Liashenko, P. Piskorz,

I. Komaromi, R. L. Martin, D. J. Fox, T. Keith, M. A. Al – Laham, C. Y. Peng, A. Nanayakkara, M. Challacombe, P. M. W. Gill, B. Johnson, W. Chen, M. W. Wong, C. Gonzalez, and J. A. Pople, Gaussian03, Revision C. 02, Gaussian, Inc., Wallingford CT, 2004.

[29] J. Jiang and Y. Luo, QCME – V1. 1 (quantum chemistry for molecular electronics), Theoretical Chemistry Department, Royal Institute of Technology, Sweden, 2006.

[30] U. Weckenmann, S. Mittler, S. Krämer, A. K. A. Aliganga, and R. A. Fischer, A Study on the Selective Organometallic Vapor Deposition of Palladium onto Self – assembled Monolayers of 4,4′– Biphenyldithiol, 4 – Biphenylthiol, and 11 – Mercaptoundecanol on Polycrystalline Silver, Chem. Mater. 16(4), 621 – 628(2004).

[31] U. Weckenmann, S. Mittler, K. Naumann, and R. A. Fischer, Ordered Self – Assembled Monolayers of 4, 4′– Biphenyldithiol on Polycrystalline Silver: Suppression of Multilayer Formation by Addition of Tri – n – butylphosphine, Langmuir 18 (14), 5479 – 5486 (2002).

[32] B. de Boer, M. M. Frank, Y. J. Chabal, W. Jiang, E. Garfunkel, and Z. Bao, Metallic Contact Formation for Molecular Electronics: Interactions between Vapor – Deposited Metals and Self – Assembled Monolayers of Conjugated Mono – and Dithiols, Langmuir 20 (5), 1539 – 1542 (2004).

[33] W. Azzam, B. I. Wehner, R. A. Fischer, A. Terfort, and C. Wöll, Bonding and Orientation in Self – Assembled Monolayers of Oligophenyldithiols on Au Substrates, Langmuir 18 (21), 7766 – 7769 (2002).

[34] A. Rochefort, R. Martel, and P. Avouris, Electrical Switching in π – Resonant 1D Intermolecular Channels, Nano Lett. 2 (8), 877 – 880 (2002).

[35] J. K. Tomfohr and O. F. Sankey, Simple estimates of the electron transport properties of molecules, phys. stat. sol. (b) 233 (1), 59 – 69 (2002).

[36] A. Shaporenko, M. Elbing, A. Baszczyk, C. von Hänisch, M. Mayor, and M. Zharnikov, Self – assembled monolayers from biphenyldithiol derivatives: Optimization of the deprotection procedure and effect of the molecular conformation, J. Phys. Chem. B. 110 (9), 4307 – 4317 (2006).

[37] M. Riskin, B. Basnar, V. I. Chegel, E. Katz, I. Willner, F. Shi, and X. Zhang, Switchable surface properties through the electrochemical or biocatalytic generation of Ag0 nanoclusters on monolayer – functionalized electrodes, J. Am. Chem. Soc. 128 (4), 1253 – 1260 (2006).

[38] A. Troisi, M. A. Ratner, and A. Nitzan, Vibronic effects in off – resonant molecular wire conduction, J. Chem. Phys. 118 (13), 6072 – 6082 (2003).

[39] M. Paulsson, T. Frederiksen, and M. Brandbyge, Inelastic Transport through Molecules: Comparing First – Principles Calculations to Experiments, Nano Lett. 6 (2), 258 – 262 (2006).

[40] B. Zou, Z. – L. Li, X. – N. Song, and C. – K. Wang, Simulation of inelastic electron tunneling spectroscopy on different contact structures in 4, 4' – biphenyldithiol molecular junctions, Chin. Phys. Lett. 25 (1), 254 – 257 (2008).

第七章　十六烷硫醇分子器件的非弹性电子隧穿谱

近年来分子器件非弹性电子隧穿谱的实验和理论工作主要关注如下几类有机分子：含有苯环的芳香族共轭分子[1-23]、饱和链烃（即烷烃）[15-28]以及 C_{60} 分子[29-31]等，并且取得了许多令人鼓舞的阶段性研究成果。由于烷烃硫醇分子结构简单，易于在金属表面形成有序的单层膜，所以是一种非常重要也是研究较多的分子体系。在由饱和链烃构成的分子器件非弹性电子隧穿谱的测量和理论研究工作中，人们已经至少在以下七个方面取得了重要进展：①温度效应[4-6]；②分子和金属电极间的接触构型影响[6,7,18]；③饱和链烃碳链长度的影响[8-10]；④链烃分子在吸附电极上的倾斜取向问题[9,13]；⑤分子中掺杂金属 Ni 原子对 IETS 测量的影响[11,12]；⑥分子器件的水合效应（the effect of hydration）[20]；⑦基于分子对称性和拓扑结构的非弹性电子隧穿谱选择定则问题（the propensity rules based on the molecular symmetry and on the topology of the molecule in the junction）[21-23]，等等。尽管人们在分子器件非弹性电子隧穿谱的研究领域已经取得了如此迅速的研究进展，但是许多亟待解决的问题依然存在。

由于饱和链烃氟化物分子具有高硬度、极好的疏水和疏油以及热稳定性等物理和化学特性，已经引起人们的广泛注意。[32-34]最近，Beebe 和 Kushmerick 等人采用金属丝十字交叉法制作电极，在低温条件下系统测量了十六烷硫醇分子〔1 - hexadecanethiol molecule，$CH_3(CH_2)_{15}SH$〕及其部分氟化分子等五种烷烃分子的非弹性电子隧穿谱，[14]如图7.1所示。在以前的工作中人们主要考虑烷烃分子长度等因素对隧穿谱的影响，而Jeremy M. Beebe 和James G. Kushmerick 等人的工作则另辟蹊径，他们保持十六烷硫醇分子长度基本不变而仅仅改变分子的氟化程度。该实验通过测量这一系列分子，在世界上第一次考察了氟化程度对分子器件非弹性电子隧穿谱的影响。他们发现 C-F 的伸缩振动模式对于隧穿谱基本没有贡献，而且在非弹性电子隧穿谱360mV 附近的 C-H 伸缩振动模式的贡献主要是来源于分子内的亚甲基（$-CH_2-$）基团。该实验测量还表明具有 Raman 活性的振动模式比具有红外（infrared）活性的模式对十六烷硫醇分子器件隧穿谱的贡献大很多。该实验不仅测量了一系列新的烷烃分子的非弹性电子隧穿谱，而且为验证相关理论工作提供了非常丰富的实验数据。

在弹性散射格林函数方法的基础上，Luo Yi 教授和 Jiang Jun 博士等人充分考虑了非弹射散射过程，发展了一整套基于第一性原理的计算分子器件非弹性电子隧穿谱的理论方法。[6,7]该方法得到了一系列研究成果与相关实验结果符合得很好，可以成功地指认和解释实验测量的隧穿谱，[18]并为今后的实验工作提供理论预测。[35]为更好地理解和解释 Beebe 和 Kushmerick 等人的实验工作，本章中我们就以十六烷硫醇系列分子为研究对象，研究该系列分子的非弹性电子隧穿谱，并与其实验工作进行了比较。

在本章工作中，我们利用 Gaussian 03 程序包在 B3LYP/LanL2DZ 水平下优化扩展分子几何结构并计算其电子结构和振动频率，[36]分子器件的非弹性电子隧穿谱采用程序包 QCME1.1 进行计算。[37]理论计算的非弹性电子隧穿谱中所有振动模式的能级展宽因子为 4.0meV。

本章中所提到的十六烷硫醇及其部分氟化的分子可以分别用

第七章 十六烷硫醇分子器件的非弹性电子隧穿谱

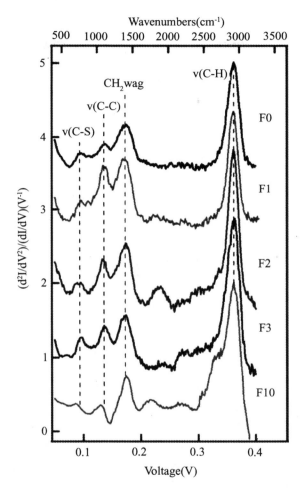

图 7.1 实验测量的十六烷硫醇及其
部分氟化分子非弹性电子隧穿谱[14]

F0、F1、F2、F3 和 F10 来表示（所有分子都含有 16 个 C 原子），其中 FX 表示半氟化分子，而 X 则表示有 x 个碳原子被氟化。具体来说，十六烷硫醇分子一端为硫醇基（-SH），另一端为甲基（-CH$_3$），在 Beebe 和 Kushmerick 等人的实验中，十六烷硫醇分子被部分氟化时是从远离硫醇基的甲基一端开始氟化，前 x 个碳原子上的 H 原子完全被 F 原子所代替的分子就记为 FX，如表 7.1 所示。

表 7.1　十六烷硫醇及其部分氟化的分子标记符号及对应分子式

标记符号	分子式
F0	CH$_3$（CH$_2$）$_{15}$SH
F1	CF$_3$（CH$_2$）$_{15}$SH
F2	CF$_3$CF$_2$（CH$_2$）$_{14}$SH
F3	CF$_3$（CF$_2$）$_2$（CH$_2$）$_{13}$SH
F10	CF$_3$（CF$_2$）$_9$（CH$_2$）$_6$SH

7.1　氟化程度的影响

本节中为了讨论氟化程度对十六烷硫醇分子非弹性电子隧穿谱的影响，我们首先采用最简单的模型：即仅对气态有机分子进行完全优化，忽略金属与有机分子相互作用，两者之间的耦合系数用一个特定的常数来代替。该模型可以非常清晰地展示出十六烷硫醇分子氟化程度对这五种分子隧穿谱的影响，而暂时忽略金属电极和有机分子接触构型等因素对非弹性电子隧穿谱的作用。

利用简单模型计算的五种分子非弹性电子隧穿谱如图 7.2（a）所示。由图 7.2（a）可以看到该系列分子具有相似的隧穿谱，而且除了在 136.3mV 位置处 CH$_2$ 扭绞振动（CH$_2$ twist）模式外，图中对谱峰所对应振动模式的指认与 Beebe 和 Kushmerick

等人对 Raman 谱的指认相类似。我们仔细检查了计算过程，发现 136.3mV 处的谱峰的确是来源于纯 CH_2 扭绞振动模式，而不含有任何 C－C 伸缩振动模式成分，如图 7.3 所示。

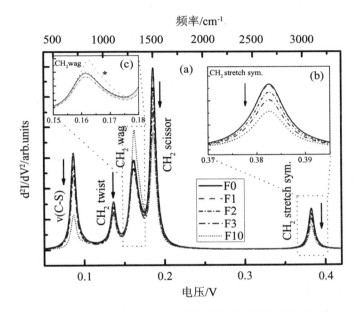

图 7.2　（a）十六烷硫醇及其部分氟化分子非弹性电子隧穿谱（忽略电极的影响）；（b）CH_2 伸缩振动模式区域放大图；（c）CH_2 面外摇摆振动模式区域放大图

在 Beebe 等人所测量非弹性电子隧穿谱的高电压区域（＞0.3V），存在着 C－H 伸缩振动模式的贡献，如图 7.1 所示。在我们的理论工作中，至少 F1 到 F10 分子这四种分子不存在终端甲基（－CH_3）基团，因此我们可以断定在该区域出现的 C－H 伸缩振动模式应该是来源于链烃分子中的亚甲基（－CH_2－）基团。通过相应的频率分析和图像观察我们可以进一步明确地指出，该振动模式主要是来源于与 S 原子相邻的亚甲基基团的对称伸缩振动模式，如图 7.4 所示。我们知道对于该振动模式的来源历来存在较大争议，一些相关理论研究表明这种 C－H 伸缩振动模式可能是来源于链烃分子终端甲基（－CH_3）基团。[17,19] 我们的计算结果与 Beebe 和 Kushmerick 等人的实验结论相一致，该项理论工作有助于澄清类似的链烃硫醇分子非弹性电子隧穿谱中关于 C－H 伸缩振动模式来源的疑问。

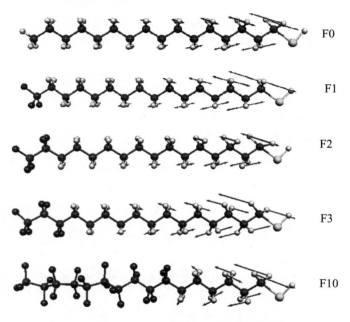

图 7.3　在图 7.2（a）中 136mV 处谱峰所对应的振动模式示意图

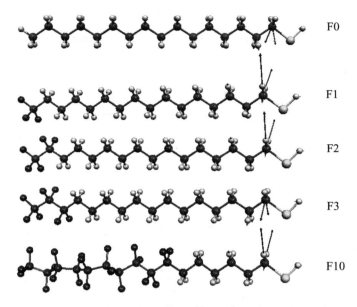

图 7.4　CH_2 对称伸缩振动模式示意图

从图 7.2（a）中我们可以看到，随着被氟化的 C 原子个数从 F0 分子逐渐增加到 F10 分子，C-S 伸缩振动〔ν（C-S），86.7mV〕、CH_2 扭绞振动（CH_2 twist，136.3mV）、CH_2 变形振动（CH_2 scissor，186.2mV）以及 CH_2 伸缩振动（CH_2 stretch，382.5mV）模式所对应的非弹性电子隧穿谱强度依次减小，如图中箭头所示。为了更清楚地看到这种减小趋势，我们将 CH_2 伸缩振动模式所对应的区域放大，如小插图 7.2（b）所示。我们发现，即使随着被氟化的 C 原子个数越来越多，在这五种分子的隧穿谱中也都不存在 C-F 伸缩振动模式（具有红外活性）的贡献，这与 Beebe 等人的实验工作相吻合。另外在图 7.2（a）中，160.8mV 附近 CH_2 面外摇摆振动（CH_2 wag）振动模式对应的谱峰强度并不随被氟化的 C 原子个数增加而单调增加,而是 F10 分子的强度最高,如图 7.2(c)所示。这些计算结果表明,十六烷硫醇及其部分氟化分子非弹性电子隧穿谱强度并非具有依赖被氟化 C 原子个数的完全可加性(additive quantity)。[14]

而且我们注意到,在图 7.2(b)中 F0 和 F1 分子 C－H 伸缩振动模式(382.5mV)所对应的谱峰强度基本一致。既然这两种分子都含有相同数量的亚甲基($-CH_2-$)基团,那么就可以从另一个侧面推测出 F0 分子中的甲基($-CH_3$)基团应该对该分子的非弹性电子隧穿谱没有贡献。

7.2 电极构型的影响

本节中我们初步讨论金属电极的不同构型对十六烷硫醇及其部分氟化的分子非弹性电子隧穿谱的影响。这里分别采用直线型和三角形两种 Au 电极与五种烷烃分子的接触构型,如图 7.5 所示。该图中也标明了从 F1 到 F10 四种分子被氟化 C 原子在十六烷硫醇分子中的位置。

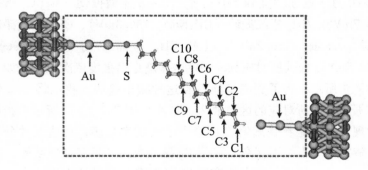

图 7.5　F0 扩展分子结构示意图

第七章 十六烷硫醇分子器件的非弹性电子隧穿谱

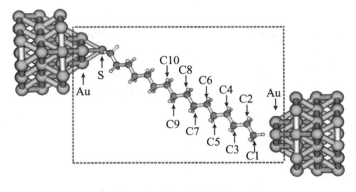

续图 7.5　F0 扩展分子结构示意图

图 7.6 分别给出了简单模型、直线型和三角形电极接触构型情况下计算的 F1 分子器件非弹性电子隧穿谱以及该分子的实验测量值。实验上发现该分子非弹性电子隧穿谱存在明显的四个谱峰，分别标记为 C－S 伸缩振动〔ν（C－S），94mV〕、C－C 伸缩振动〔ν（C－C），135mV〕、CH_2 面外摇摆振动（CH_2 wag，173mV）以及 CH_2 伸缩振动〔ν（C－H），359mV〕，如图 7.6（d）所示。由图 7.6（b）我们可以看出 CH_2 伸缩振动模式对直线型情况下的 F1 分子非弹性电子隧穿谱没有明显的贡献，而且其隧穿谱与实验相比也有较大差距。另外我们也计算了直线型情况下其他四种分子的隧穿谱（本节中没有画出来），与实验测量相比符合得也不好。通过三角形电极情况下的计算我们发现，C－S 伸缩振动模式和 CH_2 面外摇摆振动与扭绞振动的混合模式所对应的谱峰位置分别为 81.8mV 和 154.8mV，这两项数据与 Wang 等人实验测量数据吻合得比较好，[4] 但是与 Beebe 和 Kushmerick 等人的实验值相比存在红移现象。

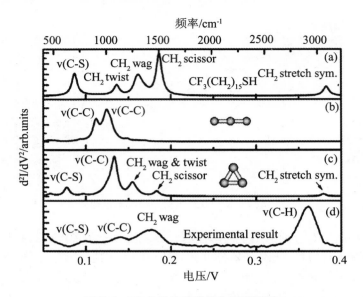

图 7.6　F1 分子的非弹性电子隧穿谱

（a）简单模型；（b）直线型电极接触构型；（c）三角形电极接触构型；（d）实验测量值[14]

从图 7.6（a）和（c）中都可以看到在 186mV 附近存在比较明显的 CH_2 变形振动（CH_2 scissor）模式对非弹性电子隧穿谱的贡献。该振动模式主要来源于与 S 原子相邻的 CH_2 变形振动模式，而且在一些相关理论[3,6,7,9,18]和实验[4,11]工作中也发现该振动模式的贡献。而且 Gemma C. Solomon 等人认为在所谓的"指纹区域"（Fingerprint region，149mV - 186mV）经常会出现 CH_2 面外摇摆振动与扭绞振动相混合的振动模式。[9]因此我们认为图 7.6（d）中标记为"CH_2 wag"的实验峰可能含有一系列振动模式的贡献：不仅包含 CH_2 面外摇摆振动模式对非弹性电子隧穿谱的贡献，而且还可能含有 CH_2 扭绞振动以及变形振动模式的贡献。

图 7.7 给出了利用三角形电极接触构型计算的十六烷硫醇及其部分氟化的分子非弹性电子隧穿谱。尽管在 F1 到 F10 四种分子中含有的 C–F 键越来越多，在图 7.7 给出的隧穿谱中依然没有发现 CF_2 伸缩振动模式的贡献。考虑到简单模型情况下也没有发现该伸缩振动模式，从而在理论上证明了无论是否考虑金属电极接触构型的影响，该分子体系非弹性电子隧穿谱都不存在 CF_2 伸缩振动模式的贡献，这与 Beebe 和 Kushmerick 等人的结论相一致。

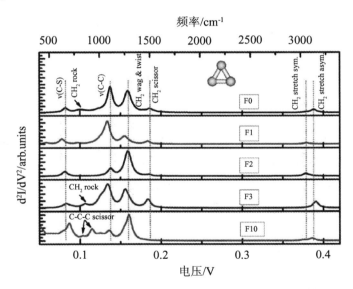

图 7.7　三角形电极接触构型情况下计算的非弹性电子隧穿谱

从图 7.7 中还看到，F10 分子非弹性电子隧穿谱 114mV 附近存在 C–C–C 变形振动（C–C–C$_s$cissor）模式对隧穿谱的贡献，而且该振动模式属于 F10 分子中被氟化的区域，如图 7.8 所示。既然 C–C–C 变形振动模式的贡献在其他分子的谱线中都没有出现，因此我们推测该振动模式的贡献可能是由于 F10 分子中被氟化的 C 原子数过多所致。而且 C–C–C 变形振动模式贡献的出现也可以部分地解释 Beebe 和 Kushmerick 等人的实验中 F10 分子 C–C 伸缩振动 [ν(C–C)] 模式谱峰的红移现象,[14] 即该实验 F10 分子的非弹性电子隧穿谱中标记为"CH_2 wag"的实验峰应该含有被氟化区域的 C–C–C 变形振动模式的贡献。

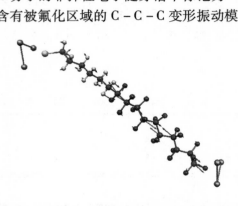

图 7.8　F10 分子 C–C–C 变形振动模式示意图

本节中，我们初步计算了不同电极构型情况下十六烷硫醇系列分子的非弹性电子隧穿谱。比较图 7.1 和图 7.7 可以明显地看到，Beebe 和 Kushmerick 等人的实验测量中 CH_2 伸缩振动 [ν(C–H)] 模式对隧穿谱的贡献是最主要的，而在我们的计算中该模式的贡献很小（三角形电极构型）甚至无法观测到（直线型电极构型）。产生差异的主要原因在于我们仅计算了如图 7.5 所示的金属电极接触方式，其他接触方式，如链烃分子在金属面上的倾斜角度、链烃分子在金属电极之间的弯曲程度、分子内部的螺旋结构以及金属电极与链烃分子接触点的选择等，都还没有详细地考虑；并且这里我们讨论的是单个分子与金属电极相连,而实验上是分子层的方式与电极相接触。可以预见,如果对以上提到的其他接触方式都加以细致地讨论,就一定可以找到与实验上相符的电极接触方式,从而能够更好地解释和说明测量实验结果。

7.3 分子在金属面上倾斜角度的影响

实验测量一般都是在两金属电极之间植入有机分子完成的,这里我们选用9个Au原子组成的双层金属电极与有机分子相连以更好地模拟有机分子与金属(111)面的相互作用。其中外层金属电极由3个Au原子组成,与有机分子相连的内层电极由6个Au原子构成,Au-Au键长依然固定为0.288nm。

十六烷硫醇分子及其氟化分子中的终端S原子均位于笛卡儿坐标系的坐标原点处,有机分子的锯齿形C链骨架所在平面位于xoz平面内,而两金属电极平面始终保持与该坐标系的xoy平面平行,即金属电极法线方向与z轴保持平行,如图7.9所示。各个有机分子的终端S原子和C原子均位于Au电极(111)面的空位上,S-Au键长为0.285nm。有机分子两端的S原子和C原子的连线与x轴正半轴所形成的夹角记为倾斜角度τ,当τ角度变化时,终端C原子到金属电极平面的平衡距离保持不变。对于F0分子终端C原子与Au平面的平衡距离为0.32nm。本书附录二收录了转动分子的Fortran程序,在该程序计算的基础上继续平移和绕轴转动分子,就可以实现对有机分子任意角度的倾斜。

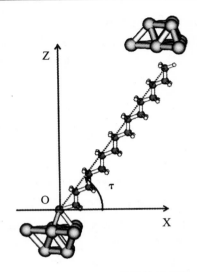

图 7.9　Au9 – F0 – Au9 分子结示意图

通过计算不同倾斜角度 τ 下 F0 扩展分子（即 Au_9 – F0 – Au_9）的体系能量，我们发现，τ 值为 70°时扩展分子体系状态是稳定的，如图 7.10（a）所示。图 7.10（b）给出了气态情况下（即不考虑金属电极的影响）以及 τ 值分别为 40°、55°、70°等四种典型情况下 F0 分子体系的非弹性电子隧穿谱。计算发现，当倾斜角度 τ 从 45°变化到 130°过程中，处于 0.36V 附近的隧穿谱谱峰相对强度大多数情况下都很弱。只有当 τ 为 55°时，0.36eV 附近的 C – H 伸缩振动模式所对应的谱峰才变得很高。从图 7.10（a）可以看出，倾斜角度 τ 为 55°时的 F0 扩展分子体系能量仅比 70°的高 1.47kcal/mol，但是 τ 为 55°时 0.36V 附近的 C – H 伸缩振动模式所对应的谱峰要比 70°的高很多。而且与图 7.10（b）中气态情况下计算的分子器件非弹性电子隧穿谱比较可以发现，考虑有机分子与金属电极平面倾斜角度这一因素对计算隧穿谱十分重要，特别是在计算 C – H 伸缩振动模式对隧穿谱贡献大小上尤为突出,这初步验证了我们上一节的预测。

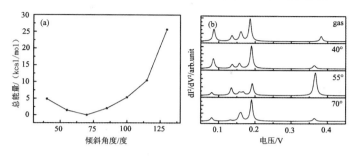

图 7.10　(a) F0 扩展分子体系能量随倾斜角度 τ 的变化情况;(b) F0 分子气态情况下及三种典型倾斜角度 τ 时的非弹性电子隧穿谱

在考察 F1、F2、F3 和 F10 扩展分子时,同样也采用了倾斜角度 τ 为 55°的情况,发现该分子构型下所计算的非弹性电子隧穿谱与 Kushmerick 等人的实验工作符合得较好,[14] 如图 7.11 所示。考虑到部分氟化的有机分子终端的 F 原子比 F0 分子终端甲基上的 H 原子有更强的电负性,这里 F1、F2、F3 和 F10 四种分子终端 C 原子到 Au 平面的平衡距离分别为 0.45nm、0.46nm、0.47nm 和 0.49nm。由图 7.11 可以看出 C-H 伸缩振动模式对五种有机分子非弹性电子隧穿谱的贡献都比其他振动模式的贡献大得多,这与实验结论相一致。因此,我们认为之前的理论工作认为该伸缩振动模式对非弹性电子隧穿谱贡献比较小,[8,17,19,38] 可能是由于这些理论工作忽略了有机分子在两金属电极之间的倾斜角度所致。另外我们也可以指认出,实验中 C-H 伸缩振动模式所对应的谱峰主要来源于与 S 原子相邻的亚甲基基团的伸缩振动模式,这与第一节气态情况下计算得到的结论一致。

从图 7.11 中可以看到,在 0.18V 附近存在比较明显的 CH_2 变形振动(CH_2 scissor)模式对非弹性电子隧穿谱的贡献。通过谱峰指认我们发现，该振动模式主要来源于与 S 原子相邻的 CH_2 变形振动模式。考虑到 Solomon 等人认为在所谓的"指纹区域"经常会出现 CH_2 面外摇摆振动与扭绞振动相混合的振动模式，[9] 我们进一步确认 Kushmerick 等人标记为" CH_2 wag"的实验峰应该含有 CH_2 面外摇摆振动模式、CH_2 扭绞振动以及变形振动模式等一系列振动模式对非弹性电子隧穿谱的贡献。

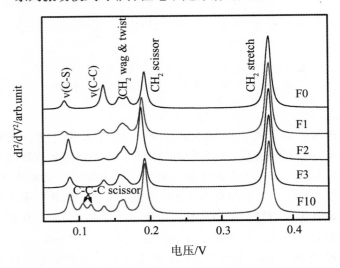

图 7.11 理论计算的十六烷硫醇分子及其氟化分子的非弹性电子隧穿谱（$\tau = 55°$）

尽管在 F1 到 F10 四种分子中含有的 C－F 键越来越多，在图 7.11 给出的隧穿谱中还是没有发现 CF_2 伸缩振动模式的贡献。考虑到第一节中我们已经计算的 F1 到 F10 四种分子气态型情况下的非弹性电子隧穿谱中，也没有发现 CF_2 伸缩振动模式的贡献，我们进一步确认无论是否考虑金属电极的影响，该分子体系非弹性电子隧穿谱都不存在 CF_2 伸缩振动模式的贡献。

与图 7.11 中 F10 分子非弹性电子隧穿谱相似，图 7.11 中 0.11V 附近也存在 C－C－C 变形振动（C－C－C$_s$cissor）模式对隧穿谱的贡献，该振动模式来源于 F10 分子中被氟化的区域。我们认为 Kushmerick 等人的实验中 F10 分子的非弹性电子隧穿谱出现红移现象应该与 C－C－C 变形振动模式贡献关系密切。[14]

7.4 本章小结

饱和链烃分子自组装膜在分子器件等诸多领域具有广泛的应用前景，因此对其非弹性电子隧穿谱进行测量理论解释已经成为人们关注的热点问题。然而作为饱和链烃分子的典型代表，十六烷硫醇分子及其氟化分子的非弹性电子隧穿谱理论计算和实验测量之间一直存在诸多争议性的科学问题。本章初步计算了十六烷硫醇及其氟化分子的非弹性电子隧穿谱，并与其实验测量结果进行了比较。我们计算发现隧穿谱中 C－H 伸缩振动模式的贡献应该是来源于链烃分子中与 S 原子相邻的亚甲基（－CH$_2$－）基团伸缩振动，并且证实这五种分子的隧穿谱中都不存在 C－F 伸缩振动模式的贡献，这与实验工作相吻合。我们认为标记为"CH$_2$wag"的实验峰可能包含 CH$_2$ 面外摇摆振动、CH$_2$ 扭绞振动、变形振动模式等一系列振动模式的贡献。

本章讨论了金属电极构型和十六烷硫醇系列分子在金属电极表面的倾斜角度对其非弹性电子隧穿谱的影响，并与实验结果进行了比较。我们计算发现当倾斜角度 τ 为 55°时，0.36eV 附近的 C－H 伸缩振动模式对非弹性电子隧穿谱的贡献占主要地位，该倾斜角度下，我们计算的五种有机分子的非弹性电子隧穿谱与实验值符合得较好。通过计算我们进一步确认，实验中标记为"CH$_2$wag"的谱峰应是一系列振动模式共同作用的结果。本章还对实验中 F10 分子标记为 "ν（C-C）" 的谱峰的红移现象给出了科学合理的理论解释。该项理论工作与 Kushmerick 等人的实验测量结果符合较好，有助于解决部分有争议性的理论问题。

参考文献

[1] A. Troisi, M. A. Ratner, and A. Nitzan, Vibronic effects in off-resonant molecular wire conduction, J. Chem. Phys. 118 (13), 6072-6082 (2003).

[2] M. Galperin, M. A. Ratner, and A. Nitzan, Inelastic electron tunneling spectroscopy in molecular junctions: Peaks and dips, J. Chem. Phys. 121 (23), 11965-11979 (2004).

[3] A. Pecchia, A. Di Carlo, A. Gagliardi, S. Sanna, T. Frauenheim, and R. Gutierrez, Incoherent Electron-Phonon Scattering in Octanethiols, Nano Lett. 4 (11), 2109-2114 (2004).

[4] W. Wang, T. Lee, I. Kretzschmar, and M. A. Reed, Inelastic Electron Tunneling Spectroscopy of an Alkanedithiol Self-Assembled Monolayer, Nano Lett. 4 (4), 643-646 (2004).

[5] A.-S. Hallbäck, N. Oncel, J. Huskens, H. J. W. Zandvliet, and B. Poelsema, Inelastic Electron Tunneling Spectroscopy on Decanethiol at Elevated Temperatures, Nano Lett. 4 (12), 2393-2395 (2004).

[6] J. Jiang, M. Kula, W. Lu, and Y. Luo, First-Principles Simulations of Inelastic Electron Tunneling Spectroscopy of Molecular Electronic Devices, Nano Lett. 5 (8), 1551-1555 (2005).

[7] J. Jiang, M. Kula, and Y. Luo, A generalized quantum chemical approach for elastic and inelastic electron transports in molecular electronics devices, J. Chem. Phys. 124 (3), 034708 (2006).

[8] Y.-C. Chen, M. Zwolak, and M. Di Ventra, Inelastic Effects on the Transport Properties of Alkanethiols, Nano Lett. 5 (4), 621-624 (2005).

[9] G. C. Solomon, A. Gagliardi, A. Pecchia, T. Frauenheim, A. D. Carlo, J. R. Reimers, and N. S. Hush, Understanding the inelastic electron – tunneling spectra of alkanedithiols on gold, J. Chem. Phys. 124 (9), 094704 (2006).

[10] L. Yan, Inelastic Electron Tunneling Spectroscopy and Vibrational Coupling, J. Phys. Chem. A 110 (49), 13249 – 13252 (2006).

[11] L. H. Yu, C. D. Zangmeister, and J. G. Kushmerick, Structural Contributions to Charge Transport across Ni – Octanedithiol Multilayer Junctions, Nano Lett. 6 (11), 2515 – 2519 (2006).

[12] L. H. Yu, C. D. Zangmeister, and J. G. Kushmerick, Origin of Discrepancies in Inelastic Electron Tunneling Spectra of Molecular Junctions, Phys. Rev. Lett. 98 (20), 206803 (2007).

[13] A. Troisi and M. A. Ratner, Inelastic insights for molecular tunneling pathways: Bypassing the terminal groups, Phys. Chem. Chem. Phys. 9 (19), 2421 – 2427 (2007).

[14] J. M. Beebe, H. J. Moore, T. R. Lee, and J. G. Kushmerick, Vibronic Coupling in Semifluorinated Alkanethiol Junctions: Implications for Selection Rules in Inelastic Electron Tunneling Spectroscopy, Nano Lett. 7 (5), 1364 – 1368 (2007).

[15] J. G. Kushmerick, J. Lazorcik, C. H. Patterson, R. Shashidhar, D. S. Seferos, and G. C. Bazan, Vibronic Contributions to Charge Transport Across Molecular Junctions, Nano Lett. 4 (4), 639 – 642 (2004).

[16] L. Cai, M. A. Cabassi, H. Yoon, O. M. Cabarcos, C. L. McGuiness, A. K. Flatt, D. L. Allara, J. M. Tour, and T. S. Mayer, Reversible Bistable Switching in Nanoscale Thiol – Substituted Oligoaniline Molecular Junctions, Nano Lett. 5 (12), 2365 – 2372 (2005).

[17] A. Troisi and M. A. Ratner, Modeling the inelastic electron tunneling spectra of molecular wire junctions, Phys. Rev. B 72 (3), 033408 (2005).

[18] M. Kula, J. Jiang, and Y. Luo, Probing Molecule – Metal Bonding in Molecular Junctions by Inelastic Electron Tunneling Spectroscopy, Nano Lett. 6 (8), 1693 – 1698 (2006).

[19] M. Paulsson, T. Frederiksen, and M. Brandbyge, Inelastic Transport through Molecules: Comparing First - Principles Calculations to Experiments, Nano Lett. 6 (2), 258 - 262 (2006).

[20] D. P. Long, J. L. Lazorcik, B. A. Mantooth, M. H. Moore, M. A. Ratner, A. Troisi, Y. Yao, J. W. Ciszek, James M. Tour, and R. Shashidhar, Effects of hydration on molecular junction transport, Nature Mater. 5 (11), 901 - 908 (2006).

[21] A. Troisi and M. A. Ratner, Molecular Transport Junctions: Propensity Rules for Inelastic Electron Tunneling Spectra, Nano Lett. 6 (8), 1784 - 1788 (2006).

[22] A. Troisi and M. A. Ratner, Propensity rules for inelastic electron tunneling spectroscopy of single - molecule transport junctions, J. Chem. Phys. 125 (21), 214709 (2006).

[23] J. R. Reimers, G. C. Solomon, A. Gagliardi, A. Bili, N. S. Hush, T. Frauenheim, A. Di Carlo, and A. Pecchia, The Green's Function Density Functional Tight - Binding (gDFTB) Method for Molecular Electronic Conduction, J. Phys. Chem. A 111(26), 5692 - 5702(2007).

[24] Y. - C. Chen, M. Zwolak, and M. Di Ventra, Inelastic Current - Voltage Characteristics of Atomic and Molecular Junctions, Nano Lett. 4 (9), 1709 - 1712 (2004).

[25] Y. Asai, Theory of Inelastic Electric Current through Single Molecules, Phys. Rev. Lett. 93 (24), 246102 (2004).

[26] N. Sergueev, D. Roubtsov, and H. Guo, Ab Initio Analysis of Electron - Phonon Coupling in Molecular Devices, Phys. Rev. Lett. 95 (14), 146803 (2005).

[27] M. - L. Bocquet, H. Lesnard, and N. Lorente, Inelastic Spectroscopy Identification of STM - Induced Benzene Dehydrogenation, Phys. Rev. Lett. 96 (9), 096101 (2006).

[28] H. Lesnard, M. - L. Bocquet, and N. Lorente, Dehydrogenation of Aromatic Molecules under a Scanning Tunneling Microscope: Pathways and Inelastic Spectroscopy Simulations, J. Am. Chem. Soc. 129 (14), 4298 -

4305 (2007).

[29] A. Honciuc, R. M. Metzger, A. Gong, and C. W. Spangler, Elastic and Inelastic Electron Tunneling Spectroscopy of a New Rectifying Monolayer, J. Am. Chem. Soc. 129 (26), 8310-8319 (2007).

[30] N. Sergueev, A. A. Demkov, and H. Guo, Inelastic resonant tunneling in C_{60} molecular junctions, Phys. Rev. B 75 (23), 233418 (2007).

[31] T. Böhler, A. Edtbauer, and E. Scheer, Conductance of individual C_{60} molecules measured with controllable gold electrodes, Phys. Rev. B 76 (12), 125432 (2007).

[32] Y. F. Miura, M. Takenaga, T. Koini, M. Graupe, N. Garg, R. L. Graham, Jr., and T. R. Lee, Wettabilities of Self-Assembled Monolayers Generated from CF_3-Terminated Alkanethiols on Gold, Langmuir 14 (20), 5821-5825 (1998).

[33] R. D. Weinstein, J. Moriarty, E. Cushnie, R. Colorado, Jr., T. R. Lee, M. Patel, W. R. Alesi, and G. K. Jennings, Structure, Wettability, and Electrochemical Barrier Properties of Self-Assembled Monolayers Prepared from Partially Fluorinated Hexadecanethiols, J. Phys. Chem. B 107 (42), 11626-11632 (2003).

[34] R. Colorado, Jr. and T. R. Lee, Wettabilities of Self-Assembled Monolayers on Gold Generated from Progressively Fluorinated Alkanethiols, Langmuir 19 (8), 3288-3296 (2003).

[35] M. Kula and Y. Luo, Effects of intermolecular interaction on inelastic electron tunneling spectra, J. Chem. Phys. 128 (6), 064705 (2008).

[36] M. J. Frisch, G. W. Trucks, H. B. Schlegel, G. E. Scuseria, M. A. Robb, J. R. Cheeseman, J. A. Montgomery, Jr., T. Vreven, K. N. Kudin, J. C. Burant, J. M. Millam, S. S. Iyengar, J. Tomasi, V. Barone, B. Mennucci, M. Cossi, G. Scalmani, N. Rega, G. A. Petersson, H. Nakatsuji, M. Hada, M. Ehara, K. Toyota, R. Fukuda, J. Hasegawa, M. Ishida, T. Nakajima, Y. Honda, O. Kitao, H. Nakai, M. Klene, X. Li, J. E. Knox, H. P. Hratchian, J. B. Cross, C. Adamo, J. Jaramillo, R. Gomperts, R. E. Stratmann, O. Yazyev, A. J. Austin, R. Cammi, C. Pomelli, J. W. Ochterski, P. Y. Ayala, K. Morokuma, G. A. Voth, P. Salvador,

J. J. Dannenberg, V. G. Zakrzewski, S. Dapprich, A. D. Daniels, M. C. Strain, O. Farkas, D. K. Malick, A. D. Rabuck, K. Raghavachari, J. B. Foresman, J. V. Ortiz, Q. Cui, A. G. Baboul, S. Clifford, J. Cioslowski, B. B. Stefanov, G. Liu, A. Liashenko, P. Piskorz, I. Komaromi, R. L. Martin, D. J. Fox, T. Keith, M. A. Al - Laham, C. Y. Peng, A. Nanayakkara, M. Challacombe, P. M. W. Gill, B. Johnson, W. Chen, M. W. Wong, C. Gonzalez, and J. A. Pople, Gaussian03, Revision C. 02, Gaussian, Inc., Wallingford CT, 2004.

[37] J. Jiang and Y. Luo, QCME - V1.1 (quantum chemistry for molecular electronics), Theoretical Chemistry Department, Royal Institute of Technology, Sweden, 2006.

[38] N. Okabayashi, M. Paulsson, H. Ueba, Y. Konda, T. Komeda, Site Selective Inelastic Electron Tunneling Spectroscopy Probed by Isotope Labeling, Nano Lett. 10 (8): 2950 - 2955 (2010).

第八章 总结与展望

8.1 研究工作总结

一、研究意义

近年来,利用分子的电学性质制备分子器件已成为分子电子学的研究热点。在低外加偏压下,当考虑电子与分子振动耦合时,电子的隧穿过程是非弹性散射过程。由于非弹性电子隧穿谱与分子的振动模式有关,所以通过测量分子器件的非弹性电子隧穿谱,人们能够捕捉到分子器件微观结构的信息。由于分子器件的非弹性电子隧穿谱与分子结构本身和分子与表面的相互作用等因素密切相关,因此从理论研究的角度出发,该领域的工作既涉及理论方法的新发展,也涉及到得到不同分子器件的非弹性电子隧穿谱和寻找隧穿谱与各种外界因素的关系,因而具有十分重要的理论研究价值。

目前非弹性电子隧穿谱的测量实验和理论工作均已蓬勃发展起来,研究的主要对象有分子薄膜层、分子线及单个有机分子。然而非弹性电子隧穿谱研究发展还不成熟,主要表现在不但理论不能与实验很好地符合,对同一分子测量的不同实验结果也存在着很大差别。存在以上差别的主要原因在于，利用分子进行非弹性电子隧穿谱测量时不可避免地要通过电极与分子相连接，而且分子器件的工作离不开电场。一般的分子都比较小，不仅分子电子结构极易受到外界的连接物以及外电场的影响，而且隧穿电子与分子振动的耦合也与接触形状等因素密切相关。目前实验上无法确定分子与电极的确切接触构型以及分子与电极之间的距离，因此不同实验组利用不同的实验方法所获得的实验结果存在较大差别。

因此构建合理可行的理论方法，从理论上研究各种因素对分子器件非弹性电子隧穿谱的影响，探讨实验中分子所处的可能环境和状态，寻找分子非弹性电子隧穿谱与分子振动模式的关系等，都具有非常重要的现实意义。

二、得出的主要结论

①理论计算表明，外加电场能影响4,4′-联苯二硫酚分子结构、分子与Au电极的成键距离以及分子与电极的耦合系数。对于该分子器件而言，不同电场情况下对分子的优化过程可以有效避免因不优化分子而得到的负微分电阻。有外加电场作用下，4,4′-联苯二硫酚分子两端以及分子两苯环间电荷分布发生明显变化而产生了电子积聚区和电子耗散区。通过对分子电势分布情况的分析发现，该分子两个苯环不共面会对该分子器件电子输运产生不利影响。与相关实验测量相比，我们的计算结果较好地符合了实验结果。

②当电极距离和电极接触构型变化时，4,4′-联苯二硫酚分子的几何结构出现调整，且该分子器件的非弹性电子隧穿谱呈现出较大的变化，从而表明了分子器件的非弹性电子隧穿谱与电极距离以及电极接触构型都密切相关。通过对不同振动模式的指

认，发现垂直于表面的振动模式对非弹性电子隧穿谱具有较大的贡献，表明了非弹性电子隧穿谱存在着取向择优性。非弹性电子隧穿谱技术可以用来探测分子器件的微观结构。

③十六烷硫醇及其系列氟化分子的非弹性电子隧穿谱中，C-H 伸缩振动模式的贡献应该是来源于链烃分子中与 S 原子相邻的亚甲基（-CH$_2$-）基团伸缩振动，并且证实这五种分子的隧穿谱中都不存在 C-F 伸缩振动模式的贡献，该结论与实验结论相一致。我们认为标记为"CH$_2$wag"的实验峰可能包含 CH$_2$ 面外摇摆振动、CH$_2$ 扭绞振动、变形振动模式等一系列振动模式的贡献。通过计算还发现实验中 F10 分子隧穿谱中标记为"CH$_2$wag"的实验峰应该含有被氟化区域的 C-C-C 变形振动模式的贡献。此外需要更深入的理论工作来研究十六烷硫醇系列分子与金属电极接触方式对分子器件非弹性电子隧穿谱的影响。

三、主要创新点

①在第一性原理的基础上较准确考虑外加电场对分子器件电输运性质的影响。该计算方法是通过逐点计算法给出体系的 I-V 特性曲线。该方法考虑了外电场对分子几何结构以及电子结构的影响，得到了在外电场作用下，分子器件的电荷转移情况以及电势分布。

②系统讨论了电极距离和电极接触构型对 4,4′-联苯二硫酚分子非弹性电子隧穿谱的影响。指出垂直于表面的振动模式对非弹性电子隧穿谱具有较大的贡献，表明非弹性电子隧穿谱存在着取向择优性。

③从理论上证实了十六烷硫醇系列分子的非弹性电子隧穿谱中，C-H 伸缩振动模式的贡献应该是来源于链烃分子中亚甲基（-CH$_2$-）基团伸缩振动，有望澄清该振动模式贡献来源的疑

问，并且证实该系列分子的隧穿谱中都不存在 C－F 伸缩振动模式的贡献。

8.2 工作展望

目前分子器件非弹性电子隧穿谱的研究仍然处在前沿探索阶段，还有很多不确定的因素需要进一步探讨和研究，这主要表现在以下几个方面：

由于今后实际可用的分子器件往往需要暴露于空气中，所以空气中极性较大的水分子往往会与分子器件之间形成较强的氢键作用。因此研究氢键效应对分子器件隧穿谱的影响是非弹性电子隧穿谱研究的重要方向。[1]

分子器件非弹性电子隧穿谱极易受到外界因素的影响，其中环境的温度也是影响分子的一个重要因素。[2]温度可以影响分子的电子结构和费米分布，特别是对振动能级影响尤为明显。温度的变化直接关系到分子器件工作的稳定性，因此系统考虑温度效应是今后分子电子学发展的前沿课题。[3-8]

与自旋密切相关的磁性分子的电输运特性除了对电场的影响敏感外，对磁场也会特别敏感，因此磁性分子将具有与普通有机分子不同的电输运特性。研究磁性分子非弹性电子隧穿谱相关性质，也是人们感兴趣的研究课题。[9]另外，对于门电压的研究，目前尚处于试探阶段，研究门电压可以探索分子的三极管特性，是一个非常有意义的研究方向。[10-19]

总之，在分子器件非弹性电子隧穿谱研究领域还存在很多的问题等待实验和理论去探讨研究。[20-52]

参考文献

[1] D. P. Long, J. L. Lazorcik, B. A. Mantooth, M. H. Moore, M. A. Ratner, A. Troisi, Y. Yao, J. W. Ciszek, James M. Tour, and R. Shashidhar, Effects of hydration on molecular junction transport, Nature Mater. 5 (11), 901-908 (2006).

[2] M. Galperin, M. A. Ratner, A. Nitzan, and A. Troisi, Nuclear Coupling and Polarization in Molecular Transport Junctions: Beyond Tunneling to Function, Science 319 (5866), 1056-1060 (2008).

[3] P. Reddy, S. -Y. Jang, R. A. Segalman, and A. Majumdar, Thermoelectricity in Molecular Junctions, Science 315 (5818), 1568-1571 (2007).

[4] A. Nitzan, CHEMISTRY: Molecules Take the Heat, Science 317 (5839), 759-760 (2007).

[5] Z. Wang, J. A. Carter, A. Lagutchev, Y. K. Koh, N. -H. Seong, D. G. Cahill, and D. D. Dlott, Ultrafast Flash Thermal Conductance of Molecular Chains, Science 317 (5839), 787-790 (2007).

[6] A. Pecchia, G. Romano, and A. Di Carlo, Theory of heat dissipation in molecular electronics, Phys. Rev. B 75 (3), 035401 (2007).

[7] M. Galperin, A. Nitzan, and M. A. Ratner, Heat conduction in molecular transport junctions, Phys. Rev. B 75 (15), 155312 (2007).

[8] N. Mingo and D. A. Broido, Length Dependence of Carbon Nanotube Thermal Conductivity and the "Problem of Long Waves", Nano Lett. 5 (7), 1221-1225 (2005).

[9] W. Wang and C. A. Richter, Spin-polarized inelastic electron tunneling spectroscopy of a molecular magnetic tunnel junction, Appl. Phys. Lett. 89 (15), 153105 (2006).

[10] S. Handa, E. Miyazaki, K. Takimiya, and Y. Kunugi, Solution-Processible n-Channel Organic Field-Effect Transistors Based on Dicyanometh-

ylene – Substituted Terthienoquinoid Derivative, J. Am. Chem. Soc. 129 (38), 11684 – 11685 (2007).

[11] A. L. Briseno, S. C. B. Mannsfeld, C. Reese, J. M. Hancock, Y. Xiong, S. A. Jenekhe, Z. Bao, and Y. Xia, Perylenediimide Nanowires and Their Use in Fabricating Field – Effect Transistors and Complementary Inverters, Nano Lett. 7 (9), 2847 – 2853 (2007).

[12] C. Huang, H. E. Katz, and J. E. West, Solution – Processed Organic Field – Effect Transistors and Unipolar Inverters Using Self – Assembled Interface Dipoles on Gate Dielectrics, Langmuir 23 (26), 13223 – 13231 (2007).

[13] M. C. Lin, C. J. Chu, L. C. Tsai, H. Y. Lin, C. S. Wu, Y. P. Wu, Y. N. Wu, D. B. Shieh, Y. W. Su, and C. D. Chen, Control and Detection of Organosilane Polarization on Nanowire Field – Effect Transistors, Nano Lett. 7 (12), 3656 – 3661 (2007).

[14] A. Gruneis, M. J. Esplandiu, D. Garcia – Sanchez, and A. Bachtold, Detecting Individual Electrons Using a Carbon Nanotube Field – Effect Transistor, Nano Lett. 7 (12), 3766 – 3769 (2007).

[15] E. Ahmed, A. L. Briseno, Y. Xia, and S. A. Jenekhe, High Mobility Single – Crystal Field – Effect Transistors from Bisindoloquinoline Semiconductors, J. Am. Chem. Soc. 130 (4), 1118 – 1119 (2008).

[16] H. Li, Q. Zhang, and N. Marzari, Unique Carbon – Nanotube Field – Effect Transistors with Asymmetric Source and Drain Contacts, Nano Lett. 8 (1), 64 – 68 (2008).

[17] F. Fujimori, K. Shigeto, T. Hamano, T. Minari, T. Miyadera, K. Tsukagoshi, and Y. Aoyagi, Current transport in short channel top – contact pentacene field – effect transistors investigated with the selective molecular doping technique, Appl. Phys. Lett. 90(19), 193507(2007).

[18] T. M. Perrine and B. D. Dunietz, Single – molecule field – effect transistors: A computational study of the effects of contact geometry and gating – field orientation on conductance – switching properties, Phys. Rev. B 75 (19), 195319 (2007).

[19] C. Klinke, J. B. Hannon, A. Afzali, and P. Avouris, Field – Effect Transistors Assembled from Functionalized Carbon Nanotubes, Nano Lett. 6 (5), 906–910 (2006).

[20] A. Gagliardi, G. Romano, A. Pecchia, A. D. Carlo, T. Frauenheim, and T. A. Niehaus, Electron – phonon scattering in molecular electronics: from inelastic electron tunnelling spectroscopy to heating effects, New J. Phys. 10 (6), 065020 (2008).

[21] M. Tsutsui, M. Taniguchi, and T. Kawai, Local Heating in Metal – Molecule – Metal Junctions, Nano Lett. 8 (10), 3293–3297 (2008).

[22] J. Jiang, M. Kula, and Y. Luo, Molecular modeling of inelastic electron transport in molecular junctions, J. Phys.: Condens. Matter 20 (37), 374110 (2008).

[23] A. Troisi, Inelastic electron tunnelling in saturated molecules with different functional groups: correlations and symmetry considerations from a computational study, J. Phys.: Condens. Matter 20 (37), 374111 (2008).

[24] L. H. Yu, N. Gergel – Hackett, C. D. Zangmeister, C. A. Hacker, C. A. Richter, and J. G. Kushmerick, Molecule – induced interface states dominate charge transport in Si – alkyl – metal junctions, J. Phys.: Condens. Matter 20 (37), 374114 (2008).

[25] B. Dóra and M. Gulácsi, Inelastic scattering from local vibrational modes, Phys. Rev. B 78 (16), 165111 (2008).

[26] Y. – C. Chen, Effects of isotope substitution on local heating and inelastic current in hydrogen molecular junctions, Phys. Rev. B 78 (23), 233310 (2008).

[27] H. Nakamura and K. Yamashita, Efficient ab initio method for inelastic transport in nanoscale devices: Analysis of inelastic electron tunneling spectroscopy, Phys. Rev. B 78 (23), 235420 (2008).

[28] Z. Ioffe, T. Shamai, A. Ophir, G. Noy, I. Yutsis, K. Kfir, O. Cheshnovsky, and Y. Selzer, Detection of heating in current – carrying molecular junctions by Raman scattering, Nature Nanotechnology 3(12), 727–732(2008).

[29] M. A. Reed, Inelastic electron tunneling spectroscopy, Materials Today 11

(11), 46-50 (2008).

[30] S. Gregory, Inelastic tunneling spectroscopy and single-electron tunneling in an adjustable microscopic tunnel junction, Phys. Rev. Lett. 64 (6), 689-692 (1990).

[31] M. I. Béthencourt, L. Srisombat, P. Chinwangso, and T. R. Lee, SAMs on Gold Derived from the Direct Adsorption of Alkanethioacetates Are Inferior to Those Derived from the Direct Adsorption of Alkanethiols, Langmuir 25 (3), 1265-1271 (2009).

[32] M. Paulsson, C. Krag, T. Frederiksen, M. Brandbyge, Conductance of Alkanedithiol Single-Molecule Junctions: A Molecular Dynamics Study, Nano Lett. 9 (1), 117-121 (2009).

[33] J. Fransson, Spin Inelastic Electron Tunneling Spectroscopy on Local Spin Adsorbed on Surface, Nano Lett. 9 (6), 2414-2417 (2009).

[34] H. Ren, J. Yang, and Y. Luo, Simulation of inelastic electronic tunneling spectra of adsorbates from first principles, J. Chem. Phys. 130 (13), 134707 (2009).

[35] H. Song, Y. Kim, J. Ku, Y. H. Jang, H. Jeong, and T. Lee, Vibrational spectra of metal-molecule-metal junctions in electromigrated nanogap electrodes by inelastic electron tunneling, Appl. Phys. Lett. 94 (10), 103110 (2009).

[36] M. Rahimi, and M. Hegg, Probing charge transport in single-molecule break junctions using inelastic tunneling, Phys. Rev. B 79 (8), 081404 (R) (2009).

[37] M. Rahimi1 and A. Troisi, Probing local electric field and conformational switching in single-molecule break junctions, Phys. Rev. B 79 (11), 113413 (2009).

[38] O. Entin-Wohlman, Y. Imry, and A. Aharony, Voltage-induced singularities in transport through molecular junctions, Phys. Rev. B 80 (3), 035417 (2009).

[39] M. Persson, Theory of Inelastic Electron Tunneling from a Localized Spin in the Impulsive Approximation, Phys. Rev. Lett. 103 (5), 050801

(2009).
[40] R. Gupta, I. Appelbaum, and B. G. Willis, Reversible Molecular Adsorption and Detection Using Inelastic Electron Tunneling Spectroscopy in Monolithic Nanoscopic Tunnel Junctions, J. Phys. Chem. C 113 (9), 3874 – 3880 (2009).
[41] F. Haupt, T. Novotny, and W. Belzig, Phonon – Assisted Current Noise in Molecular Junctions, Phys. Rev. Lett. 103 (12), 136601 (2009).
[42] W. Y. Kim, Y. C. Choi, S. K. Min, Y. Cho, and K. S. Kim, Application of quantum chemistry to nanotechnology: electron and spin transport in molecular devices, Chem. Soc. Rev. 38 (8), 2319 – 2333 (2009).
[43] R. Jorn and T. Seideman, Competition between current – induced excitation and bath – induced decoherence in molecular junctions, J. Chem. Phys. 131 (24), 244114 (2009).
[44] K. V. Raman, S. M. Watson, J. H. Shim, J. A. Borchers, J. Chang, and J. S. Moodera, Effect of molecular ordering on spin and charge injection in rubrene, Phys. Rev. B 80 (19), 195212 (2009).
[45] M. M. Blake, S. U. Nanayakkara, S. A. Claridge, L. C. Fernández – Torres, E. C. H. Sykes, and P. S. Weiss, Identifying Reactive Intermediates in the Ullmann Coupling Reaction by Scanning Tunneling Microscopy and Spectroscopy, J. Phys. Chem. A 113 (47), 13167 – 13172 (2009).
[46] N. Lorente and J. – P. Gauyacq, Efficient Spin Transitions in Inelastic Electron Tunneling Spectroscopy, Phys. Rev. Lett. 103 (17), 176601 (2009).
[47] M. Taniguchi, M. Tsutsui, K. Yokota, and T. Kawai, Inelastic electron tunneling spectroscopy of single – molecule junctions using a mechanically controllable break junction, Nanotechnology 20 (43), 434008 (2009).
[48] N. A. Zimbovskaya and M. M. Kuklja, Vibration – induced inelastic effects in the electron transport through multisite molecular bridges, J. Chem. Phys. 131 (11), 114703 (2009).

[49] N. Okabayashi and T. Komeda, Inelastic electron tunneling spectroscopy with a dilution refrigerator based scanning tunneling microscope, Meas. Sci. Technol. 20 (9) 095602 (2009).

[50] J. Fernández – Rossier, Theory of Single – Spin Inelastic Tunneling Spectroscopy, Phys. Rev. Lett. 102 (25), 256802 (2009).

[51] C. F. Hirjibehedin, C. – Y. Lin, A. F. Otte, M. Ternes, C. P. Lutz, B. A. Jones, A. J. Heinrich, Large Magnetic Anisotropy of a Single Atomic Spin Embedded in a Surface Molecular Network, Science 317 (5842), 1199 – 1203 (2007).

[52] C. F. Hirjibehedin, C. P. Lutz, A. J. Heinrich, Spin Coupling in Engineered Atomic Structures, Science 312 (5776), 1021 – 1024 (2006).

附录一 计算苯分子振动模式的 Gaussian 输入文件

% chk = benzene_ gas_ opt_ freq
# Becke3LYP/LanL2DZ opt

The normal modes and frequencies of vibration of Benzene

0　1
C　0　x1　−y1　z
C　0　x1　y1　z
C　0　x2　y2　z
C　0　−x1　y1　z
C　0　−x1　−y1　z
C　0　x2　−y2　z
H　0　x3　−y3　z
H　0　x3　y3　z
H　0　x4　y4　z
H　0　−x3　y3　z
H　0　−x3　−y3　z
H　0　x4　−y4　z

Variables:
z = 0.000000
x1 = 1.220480
y1 = 0.704617

x2 = 0.000000
y2 = 1.409012
x3 = 2.162475
y3 = 1.248597
x4 = 0.000000
y4 = 2.496792
- - Link1 - -
%chk = benzene_ gas_ opt_ freq
Becke3LYP/LanL2DZ guess = read geom = allcheck freq

附录二 分子转动 Fortran 程序

PROGRAM MAIN
IMPLICIT NONE

！本程序将分别将终端原子 M、N 转到 Y 轴、X 轴和 Z 轴输出，
！并且两终端原子的中点处在坐标原点。
！可调节参数部分
INTEGER, PARAMETER:: NUMBER =36　！原子个数
INTEGER, PARAMETER:: M =10　　　　！终端第 M 个原子
INTEGER, PARAMETER:: N =36　　　　！终端第 N 个原子

REAL (KIND =8), DIMENSION (NUMBER):: X, Y, Z, X0, Y0, Z0
REAL (KIND =8):: XX, YY, ZZ
REAL (KIND =8):: KAIFANG
REAL (KIND =8):: SIN_ A, COS_ A
REAL (KIND =8):: SIN_ B, COS_ B
REAL (KIND =8):: SIN_ C, COS_ C
CHARACTER (LEN =2), DIMENSION (NUMBER):: FU-HAO
CHARACTER (LEN =80):: FILENAME

```
INTEGER :: I, J, hangshu

FILENAME = 'molecule_ molden.txt'

CALL row_ num (FILENAME, hangshu)
WRITE ( * , * ) "The number of lines in this data file: ", hangshu

OPEN (UNIT = 100, FILE = FILENAME)
READ (100, * )
READ (100, * )

DO I = 1, NUMBER, 1
! READ (100, 110) FUHAO (I), X (I), Y (I), Z (I)
READ (100, * ) FUHAO (I), X (I), Y (I), Z (I)
ENDDO
! 110 FORMAT (A2, 8X, F10.6, 4X, F10.6, 4X, F10.6)

! 将终端原子M、N转到Y轴上来,
! 并且两终端原子的中点处在坐标原点
! 第一次转换, Y轴不动
XX = X (M) - X (N)
ZZ = Z (M) - Z (N)
KAIFANG = SQRT (XX * XX + ZZ * ZZ)
SIN_ A = ABS (ZZ/KAIFANG)
COS_ A = ABS (XX/KAIFANG)
IF_ 11: IF (XX > 0) THEN
```

```
          IF_ 12: IF (ZZ >0) THEN
                      SIN_ A = SIN_ A
                      COS_ A = COS_ A
                  ElSE
                      SIN_ A = SIN_ A
                      COS_ A = - COS_ A
              ENDIF IF_ 12
      ElSE
          IF_ 13: IF (ZZ <0) THEN
                      SIN_ A = - SIN_ A
                      COS_ A = - COS_ A
                  ElSE
                      SIN_ A = - SIN_ A
                      COS_ A = COS_ A
              ENDIF IF_ 13
  ENDIF IF_ 11
  DO I = 1, NUMBER, 1
      X0 (I) = X (I) - (X (M) + X (N)) /2.0
      Y0 (I) = Y (I) - (Y (M) + Y (N)) /2.0
      Z0 (I) = Z (I) - (Z (M) + Z (N)) /2.0
  ENDDO
  DO j = 1, NUMBER, 1
      X (j) = (X0 (J)) *COS_ A + (Z0 (J)) *SIN_ A
      Y (j) = Y0 (j)
      Z (j) = (X0 (J)) *SIN_ A - (Z0 (J)) *COS_ A
  END DO
  ! 第二次转换，Z 轴不动
  XX = X (M) - X (N)
```

```
YY = Y (M) - Y (N)
KAIFANG = SQRT (XX * XX + YY * YY)
SIN_ B = ABS (YY/KAIFANG)
COS_ B = ABS (XX/KAIFANG)
IF_ 21: IF (XX >0) THEN
            IF_ 22: IF (YY >0) THEN
                        SIN_ B = SIN_ B
                        COS_ B = COS_ B
                    ElSE
                        SIN_ B = SIN_ B
                        COS_ B = - COS_ B
            ENDIF IF_ 22
    ElSE
            IF_ 23: IF (YY <0) THEN
                        SIN_ B = - SIN_ B
                        COS_ B = - COS_ B
                    ElSE
                        SIN_ B = - SIN_ B
                        COS_ B = COS_ B
            ENDIF IF_ 23
ENDIF IF_ 21
DO j =1, NUMBER, 1
    X0 (j) = (X (J)) * SIN_ B - (Y (J)) * COS_ B
    Y0 (j) = (X (J)) * COS_ B + (Y (J)) * SIN_ B
    Z0 (j) = Z (j)
END DO
```

! 按照将终端原子 M、N 转到 Y 轴输出。

```
OPEN (UNIT = 200, FILE = "out_y.txt")
WRITE (200, * ) NUMBER
WRITE (200, * ) " "
DO I = 1, NUMBER, 1
      WRITE (200, 120) FUHAO (I), X0 (I), Y0 (I), Z0 (I)
ENDDO
WRITE (200, * ) " "

! 按照将终端原子 M、N 转到 X 轴输出。
OPEN (UNIT = 300, FILE = "out_x.txt")
WRITE (300, * ) NUMBER
WRITE (300, * ) " "
DO I = 1, NUMBER, 1
      WRITE (300, 120) FUHAO (I), Y0 (I), X0 (I), Z0 (I)
ENDDO
WRITE (300, * ) " "

! 按照将终端原子 M、N 转到 Z 轴输出。
OPEN (UNIT = 400, FILE = "out_z.txt")
WRITE (400, * ) NUMBER
WRITE (400, * ) " "
DO I = 1, NUMBER, 1
      WRITE (400, 120) FUHAO (I), X0 (I), Z0 (I), Y0 (I)
ENDDO
WRITE (400, * ) " "
```

120 FORMAT (A2, 8X, F10.6, 4X, F10.6, 4X, F10.6)

CLOSE (100)
CLOSE (200)
CLOSE (300)
CLOSE (400)

END PROGRAM MAIN

! ——读出文件的行数——
SUBROUTINE row_num (filename, hangshu)
IMPLICIT NONE

CHARACTER (40), INTENT (in) :: filename
INTEGER, INTENT (out) :: hangshu
CHARACTER (40) :: tc2
INTEGER :: i
INTEGER :: ierr ! I/O error flag

OPEN (unit = 100, file = filename, form = 'formatted', status = 'old', action = 'read', iostat = ierr)

i = 0
hangshu = 0

DO WHILE (i = = 0)

```
        READ (100, * , iostat = ierr) tc2
        IF ( ierr/ = 0 ) THEN
            WRITE ( * , * ) "We reached the end of the file!"
            i = 99  ! To end this loop. It can be set other value.
        ELSE
            hangshu = hangshu + 1
        END IF

    END DO

    CLOSE (100)
END SUBROUTINE row_ num
```